MILITÄRPISTOLEN UND REVOLVER 1939–1945

ENTWICKLUNG – TYPEN – TECHNIK

Alexander Losert

VISIER
Motor buch Verlag

Einbandgestaltung: Frank Zähringer

Bildnachweis: Die zur Illustration dieses Buches verwendeten Aufnahmen stammen – wenn nicht anderes vermerkt ist – vom Verfasser.

ISBN: 978-3-613-04280-3

1. Auflage 2019

Sie finden uns im Internet unter www.motorbuch-verlag.de

Innengestaltung: Jürgen Knopf, Medien und Printprodukte, 74321 Bietigheim
Druck und Bindung: Graspo Cz, 763 02 Zlín
Printed in Czech Republic

Inhalt

BEUTE
SAMMELSTELLE
HIER

Vorwort

Als Erstes darf ich Sie herzlich willkommen heißen zum nächsten Band aus der VISIER/Motorbuch-Edition, der sich nun mit dem Thema »Pistolen und Revolver von 1939 bis 1945« beschäftigt. Der Schwerpunkt liegt also wieder auf dem Zweiten Weltkrieg, was aber einer kleinen Erklärung bedarf, zumal auch immer wieder Anfragen gestellt werden, was es denn mit diesen Büchern nun auf sich hat und wohin die Reise geht.

Die vorliegende Edition kann als Sammelwerk verstanden werden, wenn man es denn möchte, aber auch als Epochenabschnittsübersicht im Sinne der Waffengeschichte. So entstehen diese Bände eben nicht monothematisch zum Thema des Zweiten Weltkrieges, sondern sollen durchaus später auch andere Zeiträume abdecken. Es könnte durchaus sein, dass sich ein zukünftiges Buch z.B. mit »Infanteriewaffen 1914 bis 1918« oder einem vergleichbaren Thema befassen wird. Als Beispiel dafür kann auch ein Buch von meinem Kollegen und Freund Michael Heidler verstanden werden, der nach seiner Abhandlung über die Maschinenpistolen von 1939 bis 1945 ein weiteres Buch schrieb, welches sich mit dieser Gattung seit 1945 beschäftigt.

Beobachtungsposten im Schnee. Gut zu sehen: die Pistolentasche immer am Mann.

Was sowohl VISIER als auch dem Motorbuch Verlag dabei sehr am Herzen liegt: Wissen zum Thema Waffen anschaulich und unkompliziert zu vermitteln. Sicherlich wird der eine oder andere Leser mehr Informationen zu dem einen oder anderen Thema haben wollen. Dafür gibt es dann die weiterführende Fachliteratur zu einzelnen Waffen, die pro Band allein schon vom Umfang her die Bücher dieser Edition um Längen schlagen – das Gleiche gilt aber auch für den Preis.

Die verschiedenen Bände ergänzen sich und grenzen sich gleichzeitig voneinander ab. Dabei starten wir mit den Büchern über die Waffen des Zweiten

Vorbeimarsch an einem Bombentrichter. Zur Ausstattung der Wehrmacht gehörten mitunter auch zahlreiche Beutewaffen.

Besprechung im Felde. Vor allem Offiziere führten zahlreiche Pistolen- oder Revolver-Modelle, die nicht unbedingt offiziell eingeführt waren.

Rast hoch zu Roß. Die kurze Handfeuerwaffe war mitunter das letzte Mittel zur Verteidigung.

Weltkrieges. Wer sich nur für Maschinengewehre interessiert, der braucht nur dieses eine Buch. Wer sich überdies auch noch für Pistolen und Revolver begeistert, der greift auch noch zu diesem hier. So besteht keine Notwendigkeit, sich alle Bände zuzulegen, aus der diese Edition am Ende bestehen wird, sondern nur jene, die den eigenen Geschmack treffen. Dies nur als kleines Geleit vorab, um die Fragen nach den Hintergründen zu beleuchten.

Im vorliegenden Band geht es also um die Pistolen und Revolver, die die wichtigsten kriegführenden Nationen im Zweiten Weltkrieg verwendeten. Den Schwerpunkt bilden natürlich wieder jene Muster, die bei der Wehrmacht zum Einsatz kamen. Aufgrund der Fülle an Material und wegen des beschränkten Platzes im Buch musste jedoch eine Auswahl getroffen werden. Daher wird der ein oder andere vielleicht ein Muster vermissen, was aber nicht heißt, dass es nicht in einer der späteren Buchveröffentlichungen dennoch auftauchen wird.

Auch Beutewaffen werden hier abgehandelt, soweit sie von den Deutschen in die eigenen Reihen aufgenommen wurden. Und natürlich dürfen auch Nationen wie Japan nicht fehlen, deren Konstruktionen sich zwar an den westlichen orientierten, aber in Details doch abwichen.

Überhaupt zeigt sich an den Pistolen/Revolvern, wie groß und dabei doch klein die Unterschiede sein können. Manchmal genügt ein Gedanke, der noch keinem anderen in den Sinn gekommen ist, um eine völlig neue Lösung zu finden oder ein innovatives Konzept zu entwickeln.

Jeder kennt sicherlich die Walther PPK von James Bond. Oder kann man sich einen Film über den Zweiten Weltkrieg in Europa ohne die berühmte »Nullacht« vorstellen? Oder einen Hollywoodstreifen ohne eine Pistole der Marke Beretta? Gerade Pistolen und Revolver sind aus der modernen Kultur

Deutsche Soldaten in fremden Gefilden. Fast andächtig wird die Szenerie betrachtet. Mit dabei: Die Pistole in der entsprechenden Tasche.

Arbeiten am Gleis. Man sieht wie vorteilhaft eine Pistole im Gegensatz zu einem Gewehr sein kann, wenn es um körperliche Tätigkeit geht.

Ein sMG 34 in einer winterlichen Stellung samt Bedienung. Die Bewaffnung für alle Landser war mitunter ein Problem.

Ein Gruß an einen vorbeifahrenden Transportzug. Durch den Mangel an eigenen Waffen, griff die Wehrmacht vermehrt auf Beutewaffen zurück, auch bei Pistolen und Revolvern.

An allen Fronten und zu allen Jahreszeiten mussten sich die Soldaten auf ihre Waffen verlassen können. Sei es im Winter …

… oder wenn es auf der Erde gegen Flieger ging, wie mit diesem MG mit Fliegervisier im Hintergrund zu erkennen.

Aber auch bei Ausflügen waren die Waffen allgegenwärtig, um sich etwa im Zweifelsfall verteidigen zu können, aber auch…

… wenn es neue Erlebnisse gab, wie eine Kamelritt an der Ostfront, waren sie da und vielfach abgelichtet.

nicht mehr wegzudenken, doch die wenigsten wissen um ihre Ursprünge. Gerade hier verbergen sich mitunter interessante Geschichten. Auch die Frage, warum sich ein bestimmtes Konzept durchsetzt und ein anderes nicht, obwohl letzteres eigentlich das bessere gewesen wäre, gehört zu den faszinierenden Dingen im Bereich der Waffen.
Schaut man sich moderne Faustfeuerwaffen von heute an, fällt auf, dass sie sich irgendwie alle recht ähnlich sind – sei es vom Aussehen oder der Technik her. Gerade aber im Zweiten Weltkrieg erkennt man an den Waffen die Unterschiede der Nationen. Schon die deutsche Nullacht unterscheidet sich äußerlich derart von der amerikanischen 1911, dass man sie sofort auseinanderhalten kann. Polymer war zu der Zeit noch ein Fremdwort. Metall und Holz, das waren die Materialien. Und gerade die Vielfalt der Materie macht den Zweiten Weltkrieg – so schlimm und verachtenswert er auch gewesen sein mochte – zu einer technisch interessanten Zeit.
Vom Aufbau her orientiert sich dieses Buch wieder am Maschinengewehr-Band; neben einer Einführung in die Geschichte der Pistolen und Revolver wird auch deren Funktion erläutert werden. Aufgrund der Leserreaktionen auf unsere ersten Bände haben wir versucht, etwas tiefer in die einzelnen Waffen »reinzukriechen« und auf die Konstruktionen an sich einzugehen, beispielsweise wie man die Waffen zerlegt, oder bestimmte Details hervorzuheben, die die Pistole oder den Revolver zu etwas Besonderem machen. Aus Platzgründen fallen diese Themenvertiefungen unterschiedlich detailreich aus. Ebenso werden in diesem Band die Konstrukteure nur noch am Rande erwähnt. Auf Wunsch der Leserschaft wird es in diesem Band hauptsächlich um die Waffen an sich gehen.

Für alle, die sich dennoch an den Konstrukteuren erfreuen, sei gesagt, dass es nicht ausgeschlossen ist, eben diesen »Hirnen hinter den Schusswaffen« auch mal einen eigenen Band zu widmen und sie dort mit einigen ihrer Glanzstücke zu porträtieren – denn viele Konstrukteure schufen mehr als nur eine Waffe.
Am Ende eines solchen Vorwortes steht natürlich auch immer wieder der Dank, den der Autor, dessen Namen auf dem Einband steht, jenen Menschen schuldet, die ihn unterstützten, die ihm wichtig sind oder sonst einen Einfluss auf sein Schaffen hatten. Da ich dies schon im ersten Band getan habe, möchte ich mich nicht wiederholen und nur sagen, dass jeder, der sich angesprochen fühlt, gerne ein Dankeschön für dieses Buch von mir entgegennehmen kann. Gesonderter Dank geht aber an jene Menschen, die mir Bilder oder Waffen zum Fotografieren zur Verfügung stellten, als da wären:

- Karl-Heinz Becker
- Andreas Weber
- Michael Heidler
- Robert Riegel
- Anina Best

Ohne sie wäre dieses Buch wohl nicht in dieser Form entstanden.

Alexander Losert
Journalist und Politologe, Grünberg 2019

P.S. Sollten Sie, liebe Leser, Wünsche haben, welche Bände als Nächstes erscheinen sollten, zögern Sie nicht, uns Ihre Vorschläge mitzuteilen.

Ich widme dieses Buch Leonie Antonia.
Du bist »der liebste Schatz der Welt«.

Ein historischer Überblick

Der Werdegang von Pistole und Revolver

Im Allgemeinen versteht man heute unter einer Pistole eine Faustfeuerwaffe mit einem Patronenlager im Lauf. Das ist auch eines der Hauptunterscheidungsmerkmale zum Revolver, der seine Patronenlager in der Trommel hat. Dabei gab es den Revolver vor der modernen Selbstladepistole. Über Jahrhunderte hinweg dominierten die Vorderlader-Pistolen mit einem oder auch mal zwei Läufen (in der Regel). Doch es herrschte der Wunsch vor, mehrere Schüsse mit einer Faustfeuerwaffe abgeben zu können.
So entstand die Idee von einem System mit mehreren Kammern, in die dann jeweils Pulver und Kugel kamen. Diese Methode erscheint vor allem vor

Gemälde vom Attentat am 28. Juni 1914 auf den österreich-ungarischen Thronfolger Erzherzog Franz Ferdinand und seine Frau durch Gavrilo Princip. Die Tatwaffe: eine Pistole Browning Modell 1910.

Vorführung des US-amerikanischen Expeditionskorps während des Ersten Weltkrieges vor französischen Militärs.

dem Hintergrund logisch, da die Alternative eine Waffe mit vielen Rohren gewesen wäre, was wiederum ihr Gewicht unnatürlich erhöht hätte. Solche sogenannten Bündelwaffen gab es dennoch, konnten sich aber am Ende nicht durchsetzen.

Auch die Anordnung der Kammern unterlag verschiedenen Herangehensweisen. Eine Option war, sie nebeneinander zu setzen, eine andere, sie in einem Zylinder unterzubringen. Bekanntermaßen setzte sich der Zylinder in Form der Revolvertrommel durch. Das hat unter anderem folgende Gründe: Die Platzersparnis erwies sich als großer Vorteil. Außerdem lässt sich die Trommel genauer vor den Lauf transportieren, wenn die Drehung um die eigene Achse erfolgt (entsprechende Sorgfalt bei der Herstellung vorausgesetzt). Und nicht zuletzt ist auch der Reibungswiderstand bei der Trommeldrehung leichter, als wenn der gesamte Patronenkasten verschoben werden müsste.

Bevor es aber zu der bekannten und vor allem aus Western bekannten Erfindung des Trommelrevolvers kam, hatten andere Modelle ihren Auftritt – z.B. die Bündelrevolver. Dieses Prinzip bestand kurz gesagt darin, dass man nach dem Schuss das ganze Bündel von Hand weiter drehen musste. Interessant dürfte an der Geschichte der Revolver auch sein, dass es nahezu alle Zündprinzipien schon bei den Trommelwaffen gab. Radschloss, Steinschloss bis hin zur Rand- und Zentralfeuerzündung – sie alle finden sich auch bei den Trommelwaffen.

Im Jahr 1835 erhielt dann Samuel Colt ein englisches Patent auf ein Prinzip, das für die Geschichte der Revolver wegweisend sein sollte. Die Drehung der Trommel musste bei ihm nicht mehr per Hand durchgeführt werden, sondern die Waffe transportierte die Trommel selbst weiter. Bei seiner Konstruktion ist am Hahn ein Hebel angebracht, der in die Aussparungen eingreift, die sich hinten an der Trommel befinden. Dieser Umsetzer sorgt dafür, dass sich die Trommel jedes Mal eine Rast weiterdreht, wenn der Schütze den Hahn spannt. Dabei war diese Idee keinesfalls neu. Samuel Colt griff nur ein altes Prinzip wieder auf. Schon im 17. Jahrhundert sind Steinschloss-Trommelwaffen belegt, die nach dieser Idee arbeiteten. Doch erst Colt gelang es, auch in Verbindung mit moderneren Zündsystemen, eine solche Waffe entsprechend

Telegramm aus dem Lugernachlass mit Parabellum-Patronen. Die 9-mm-Para-Munition gehört zu den wichtigsten Kalibern weltweit.

Gestelltes Bild für den Fotografen: deutscher Infanterist mit EK dekoriert und mit Maschinenpistole sowie Pistole bewaffnet gibt Signale.

genau zu fertigen. Doch noch war das Laden umständlich.

Erst im Laufe der nächsten Jahrzehnte, verbunden mit der technischen Weiterentwicklung, gerade im Hinblick auf die modernen Patronen, nahm der Zug der Innovationen an Fahrt auf und brachte die Revolver hervor, wie man sie heute kennt: Trommel plus Patronen.

Aber, das sei schon einmal gesagt, die Blütezeit des Revolvers sollte schnell ein Ende finden, wofür auch deutsche Konstrukteure verantwortlich waren. Noch im 19. Jahrhundert gehörten Revolver zur Standardausstattung der Armeen rund um den Globus und waren auch in beiden Weltkriegen noch präsent. Als dann Modelle wie die C96 auftauchten, begann der Stern der Trommel langsam zu sinken. Der Siegeszug der Pistole begann.

Die Bezeichnung »Pistole«

Der Ursprung der Bezeichnung »Pistole« ist bis heute aber nicht abschließend geklärt. Manche Experten bezeichnen die italienische Stadt Pistoija als Ahnvater, da dort zum ersten Mal eine solche Waffe produziert worden sein soll. Andere halten das Wort für aus dem tschechischen Sprachraum stammend. Das Wort »Pistal« bedeutet soviel wie »Pfeifenrohr« und war die Bezeichnung für neue Faustfeuerwaffen, die erstmals während der Hussitenkriege zum Einsatz kamen. Und »Pistal« wiederum leitet sich von »Pisk« ab, was »Pfiff« bedeutet und auf den Knall verweist, der bei der Schussabgabe entsteht. Und so kam es dann zur Einführung der Bezeichnung »Pistole« für diese Waffengattung in den europäischen Heeren – so die Ansicht vieler Experten.

Dabei unterscheidet sich die Entwicklung der Pistole von der des Revolvers. Letztgenannter entstand in der Form, wie man sich einen Revolver im Allgemeinen vorstellt, in etwa parallel zur Entwicklung der maschinellen Fertigungstechnik im 19. Jahrhundert, der Sprengstoffchemie und den neuen Erkenntnissen auf dem Gebiet der Metallurgie. Ein völlig neues Funktionsprinzip mussten die Konstrukteure bei Selbstladepistolen erfinden. Dabei liegt der große Vorteil der Pistole gegenüber dem Revolver auf der Hand: seine hohe Magazinkapazität bei kompakten Abmessungen.

Doch es war ein langer Weg, bis die erste (nach kommerziellen Maßstäben) gefertigte Pistole das Licht der Waffenwelt erblickte. Für Furore sorgte 1892 ein österreichisches Modell der Firma Steyr mit dem Namen »Schönberger-Pistole«. Schon ein Jahr später entstand – diesmal im Deutschen Kaiserreich – die Borchardt-Pistole, benannt nach ihrem Entwickler Hugo Borchardt. Diese Waffe war gleichzeitig die erste Pistole, die sich in größeren Stückzahlen verkaufen ließ. Sie verfügte über einen Kniegelenkverschluss, der später Pate stand für die von Georg Luger entwickelte Pistole (mehr zu den unterschiedlichen Konstrukteuren im entsprechenden Kapitel).

Die

Mauser-Selbstlade-Pistole

Cal. 7,63 mm

in allen Kulturstaaten patentirt und von verschiedenen Regierungen angenommen

unterscheidet sich von den Handfeuerwaffen älterer Systeme im Wesentlichen dadurch, dass der bei Abgabe des Schusses im Lauf entstehende Gasdruck nicht lediglich zum Forttreiben des Geschosses, sondern auch zum Oeffnen der Kammer, Auswerfen der leeren Hülse, Spannen des Hahns, Laden und Schliessen der Kammer nutzbar gemacht wird, so dass dem Schützen nur das Zielen, Abziehen und Magazinfüllen vorbehalten bleibt, er ist dadurch in der Lage, bei einiger Uebung in der Sekunde 5 Schuss und in der Minute 80 **gezielte** Schuss abzugeben.

Die mit rauchschwachem Pulver geladene Patrone giebt dem Geschoss eine mittlere Anfangsgeschwindigkeit von ca. 425 Meter, eine Schussweite von über 1000 Meter und eine Durchschlagskraft von 26–28 cm in Tannenholz, sowie 3 mm in Stahlblech nahe der Mündung.

Nach Abgabe von über 10,000 Schuss in mehreren Absätzen aus **einer** Waffe konnten weder irgend welche

Der Name der Mauser C 96: Ausriss aus einem Text von Mauser, der beweist, dass der Hersteller sein Produkt als »Mauser-Selbstlade-Pistole« vermarktete.

LATER TYPE PISTOL

Exploded View

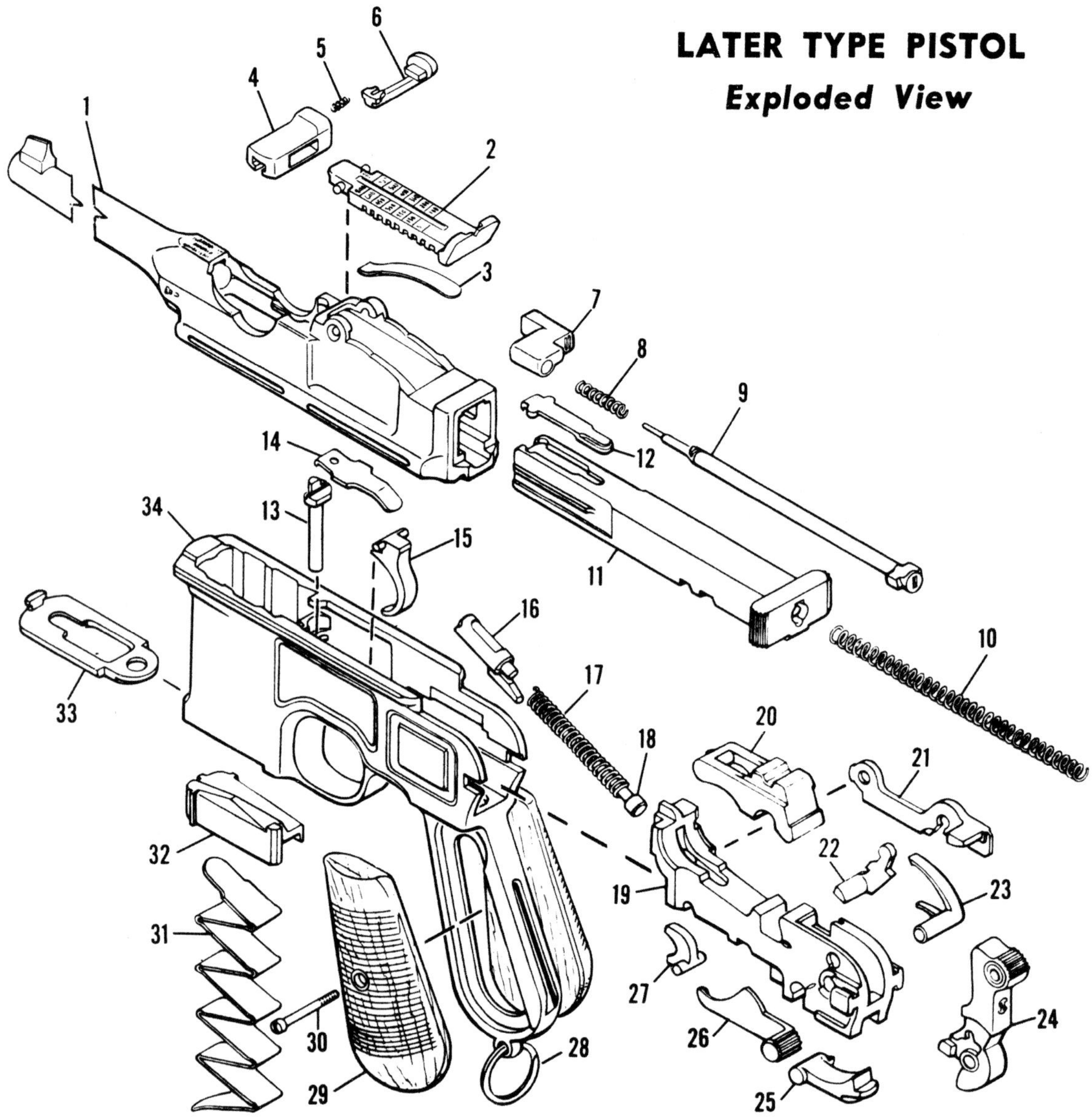

PARTS NOMENCLATURE

1 Barrel and extension
2 Rear sight bar
3 Rear sight spring
4 Rear sight slide
5 Rear sight slide spring
6 Rear sight slide lock
7 Bolt stop
8 Firing pin spring
9 Firing pin
10 Recoil spring
11 Bolt
12 Extractor
13 Magazine plunger
14 Trigger spring
15 Trigger
16 Rocker plunger
17 Main spring
18 Main spring plunger
19 Lock frame
20 Bolt locking block
21 Sear arm
22 Sear
23 Sear spring & hammer pivot
24 Hammer
25 Lock frame stop
26 Safety lever
27 Rocker coupling
28 Lanyard ring
29 Grips
30 Grip screw
31 Follower spring
32 Follower
33 Magazine floor plate
34 Frame

Courtesy of Harold Bruffett

Explosionszeichnung der Mauser C 96. Sie musste umständlich von oben geladen werden. Erst später gab es auch Modelle mit herausnehmbarem Magazin.

Baugruppe Griffstück einer Colt M 1911 Government aus immerhin 32 verschiedenen Bauteilen.

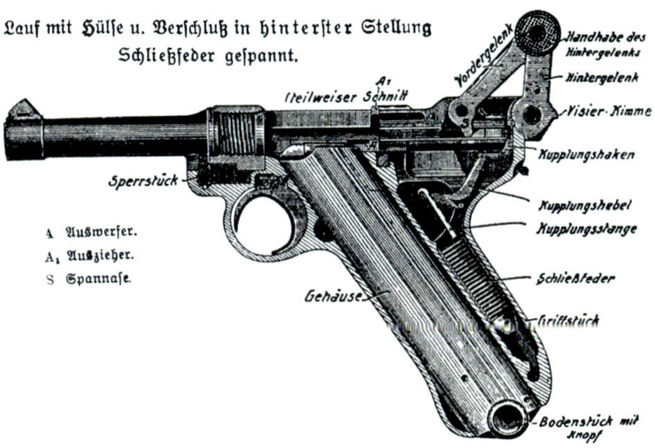

Als es noch keine Computer gab, mussten Konstruktionszeichnungen noch mühsam mit der Hand angefertigt werden. Das galt auch für die Funktionszeichnungen.

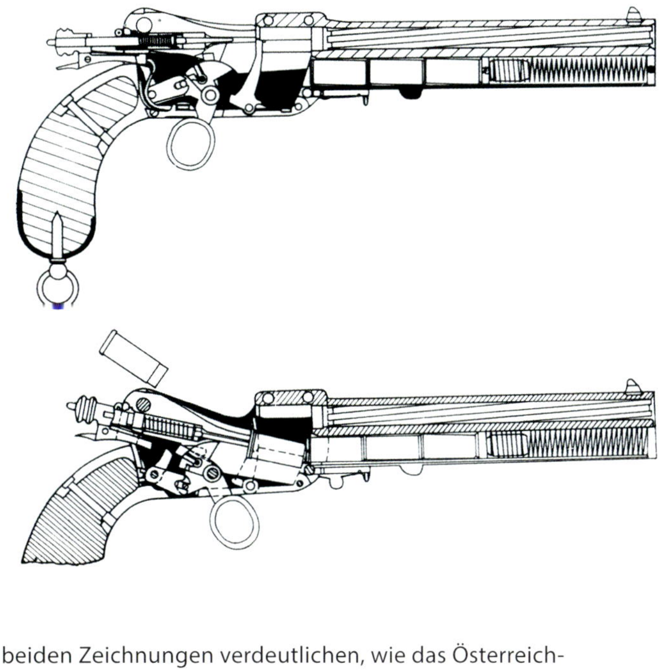

Die beiden Zeichnungen verdeutlichen, wie das Österreich-System an sich funktioniert, das dem Unterhebelsystem sehr ähnelt.

Ein alliierter Soldat im Niemandsland mit einer Pistole von Colt. Schon in den Stellungskriegen des Ersten Weltkrieges konnten die Pistolen gegenüber den Revolvern obsiegen.

Ende des 19. Jahrhunderts begann der Zug der Pistolen rasant an Fahrt aufzunehmen. Zwar technisch komplizierter als ein Revolver, wiesen die Pistolen jedoch große Vorteile auf, die sie vor allem für das Militär interessant erscheinen ließen. Nach und nach kamen immer mehr Waffen auf den Markt. Die Schwarzlose-Militär-Pistole aus dem Jahr 1898 weist schon einen modernen Aufbau auf, der vom Prinzip heutigen ähnelt. Auch John Moses Browning stellte, etwa mit dem Modell 1900, einen eigenständigen Entwurf dar. Hinzu kamen Namen wie Walther, Mauser und andere, die sich alle an die Konstruktion von Selbstladepistolen wagten. Dabei entstanden wegweisende Modelle wie die 1911er, die Nullacht und andere. Neben Firmen aus Belgien oder der Tschechoslowakei waren auch solche aus Deutschland führend auf diesem Gebiet, weswegen wir an dieser Stelle einen etwas genaueren Blick auf die Entwicklungsschritte werfen wollen, die in Deutschland vollzogen wurden.

Der deutsche Weg

Nach dem Sieg über Frankreich im Deutsch-Französischen Krieg von 1870/71 entstand im Jahr 1871 das Deutsche Kaiserreich mit der Hauptmacht Preußen. Dieses Kaiserreich bestand aber aus zahlreichen Einzelstaaten, die alle eine eigene Armee unterhielten. Die Bewaffnung all dieser Armeen unterschied sich voneinander. Da machten die Faustfeuerwaffen keine Ausnahme. Ein wahres Sammelsurium an verschiedenen Modellen war bei ihnen zu finden. So gab es Perkussionspistolen, aber auch Massenware in Form von zahlreichen Revolvern. Dabei stammten viele nicht einmal aus Deutschland. Das kleine Belgien hatte sich zu einem großen Waffenausrüster und Armeeausstatter gemausert, das mit seinen Produkten viele Kunden belieferte.

Doch die deutsche Reichsgründung war für die Waffenhersteller eine Art Neubeginn. Es ging nun

Mit Augenzwinkern: Nicht ganz ernst gemeinte Warnung vor sexuell übertragbaren Krankheiten mit einer Anspielung auf eine Colt M1911 Government.

Filigrane Konstruktion von Gustav Bittner aus Böhmen. Seine 1897 vorgestellte Repetierpistole zeigt, wie der Repetierhebel an den axial im 45-Grad-Winkel arbeitenden Drehverschluss gekuppelt wird.

nämlich nicht mehr darum, wie man die Truppen in Lippe, Hessen-Nassau oder anderswo ausrüstete, sondern darum, wie einheitliche Standards für eine Reichsarmee geschaffen werden konnten. Nach der legendären Kaiserproklamation im Spiegelsaal von Versailles vergingen aber noch ein paar Jahre, bis man sich im Kaiserreich diesem Projekt widmen konnte. Staatliche Kommissionen entstanden, die vor allem in den Jahren 1877 bis 1883 alles daran setzten, eine Vereinheitlichung durchzusetzen. Außerdem ging es mittlerweile bei den Waffen um immense Stückzahlen, die es für viele Waffenhersteller interessant machten, in dieses Geschäft einzusteigen. Denn während die bisherigen kleinen Truppenkontingente der Einzelstaaten kaum attraktiv für Waffenhersteller waren (geschweige denn, dass kleine Fürstentümer selbst Waffen entwickelten – das wäre aufgrund der geringen Soldatenanzahl nicht kostendeckend gewesen), ging die Anzahl der benötigten Waffen für eine gesamtdeutsche Armee in die Abertausende.

Aus diesen Gründen wurde entschieden, Waffen selbst zu entwickeln, anstatt schon vorhandene Muster zu kaufen, wodurch die Deutschen auch wieder unabhängiger vom Ausland werden sollten. Aber worauf legten die germanischen Konstrukteure ihr Hauptaugenmerk? Am alten Reichsrevol-

Colt Model 1905 im Kaliber .38 ACP. Heute sind diese Waffen, von denen nur ein paar Tausend entstanden, gesuchte Sammlerobjekte, die für viel Geld den Besitzer wechseln.

ver war anscheinend (zumindest aus teutonischer Sicht) nicht viel zu verbessern. Deswegen erschien es nur logisch, dass sich viele Firmen an die Entwicklung von Selbstladepistolen machten. Jeder hoffte darauf, eine technische Innovation in Petto zu haben, die auf Wohlwollen der Beschaffer bei der Armee stieß und somit einen Auftrag garantierte mit einem Volumen, das entsprechend groß ausfiel.

Interessant an dieser Entwicklung zum Ende des 19. Jahrhunderts war, dass hier vor allem die Deutschen selbst federführend waren. Selbst in den USA und Großbritannien gab es nicht eine solche Fülle an unterschiedlichen Pistolenversionen. Das Aufkommen von automatischen Waffen spornte viele Erfinder und Konstrukteure zudem an, das Prinzip auf kleinere Handfeuerwaffen anzuwenden. Das funktionierte naturgemäß am besten mit Pistolen. Einer der bekanntesten Namen in diesem Zusammenhang dürfte (wie schon erwähnt) sicherlich Georg Luger sein, dessen Konstruktionen auf den Arbeiten von Hugo Borchardt aufbauten. Die unterschiedlichen Versionen seiner »Nullacht« sprechen für sich. Und auch der Erste Weltkrieg beziehungsweise die folgende Nachkriegszeit mit den Restriktionen aus dem Versailler Vertrag bremsten den deutschen Ideenreichtum auf dem Gebiet der Pistolen nur kurz.

Eine 1991er, aber diesmal von Springfield Armory. Technisch gleich, unterscheidet sie sich nur durch die Stempel von den Modellen von Colt.

An dieser Stelle sei aber nicht verschwiegen, dass man bereits im Kaiserreich durchaus Revolver fertigte – aber waren dies Nachbauten von bereits existierenden Modellen, wie sie Webley oder Smith & Wesson herstellten. In der Zeit zwischen den Weltkriegen jedenfalls wurden interessante und innovative Pistolen gebaut. Allein die Konstruktionen von Walther wie die PP, PPK, P 38 und andere bezeugten diesen Erfindergeist. Aber auch andere Unternehmen mit klangvollen Namen gehörten dazu. Was das Thema Waffen anging, gehörte Deutschland bald zu den Ideenschmieden der Welt.

Schon um das Jahr 1930 herum besaßen die großen Hersteller einen großen Marktanteil (und hatten die meisten kleineren Hersteller geschluckt oder verdrängt). Dabei waren die deutschen Modelle weltweit begehrt, auch wenn sie preislich in einer anderen Liga spielten als etwa günstige Kopien. Schon damals galten deutsche Pistolen aufgrund ihrer Qualität als das Beste, was man bekommen konnte.

Daraus entstand wiederum ein Problem, das bis in unsere heutigen Tage anhält. Viele Firmen vergaben Lizenzen an kleinere Unternehmen, die dann ihrerseits die Pistolen fertigten. Oder man baute die Pistolen einfach ohne Lizenz nach – solche Fälle gab es auch. Das führt mitunter dazu, dass Sammlungen schwer anzulegen sind oder Stücke auftauchen, von denen selbst Experten noch nichts wussten. Ein Beispiel gefällig? Fragen Sie einen Sammler der bekannten »Nullacht« nach allen Modellen, allen Varianten und allen Herstellern, die sich dieser Pistole widmeten – und bringen Sie viel Zeit mit.

Als der Zweite Weltkrieg ausbrach, stürmten deutsche Truppen durch halb Europa und nahmen dabei auch Waffenfabriken ein. Denn der Bedarf der Wehrmacht war entsprechend groß. Eigene Unternehmen konnten die Nachfrage nicht decken, so dass bald auswärtige Pistolen mit deutschen Abnahmezeichen zu finden waren.

Dennoch lief die Produktion der deutschen Pistolen bis zum Kriegsende weiter – je nach Modell, versteht sich. Der Ausgang des Zweiten Weltkrieges konnte die deutschen Waffenhersteller nicht langfristig vom Markt verdrängen. Bald schon waren sie wieder im Geschäft und bauten auf den Erfahrungen ihrer früheren Modelle auf, wie etwa im Falle der P 38, die sich zur P 1 mauserte. Und heute haben deutsche Pistolen wieder einen ebenso guten Klang wie in vergangenen Zeiten.

Aber heißt das, dass der Revolver schon längst zum sprichwörtlichen alten Eisen zählt? Sicherlich nicht. Noch im Ersten und auch im Zweiten Weltkrieg waren Revolver Teil der Ausrüstung. Heute hat sich die Selbstladepistole jedoch als Standard im militärischen und behördlichen Bereich durchgesetzt – von ein paar Ausnahmen einmal abgesehen. Im Sport und in der Jagd sind noch viele Revolver im Gebrauch. Dennoch werden auch in diesem Buch eine ganze Reihe von »Trommlern« zu finden sein, die im Zweiten Weltkrieg klaglos ihre Arbeit verrichteten. Auf alle Fälle sind beide Waffen – Revolver und Selbstladepistole – zwei Bestandteile der Technikgeschichte, die beweist, wie einfallsreich Menschen sein können, wenn es um die Lösung eines Problems geht.

Brownings erste Selbstladepistole vom April 1897. Man kann mit ein wenig Fantasie schon das Modell erkennen, dass sich hieraus entwickeln wird

Konstruktion und Funktion

Bevor es um die einzelnen Pistolen- und Revolver-Modelle geht, erscheint es mir wichtig zu klären, worum es sich bei einer Pistole respektive einem Revolver überhaupt handelt. Dies aber nur ganz generell, da die unterschiedlichen Konstruktionen sich meist nicht verallgemeinern lassen.
Ein Revolver ist eine einläufige Faustfeuerwaffe. Die charakteristische Trommel liegt dabei hinter dem Lauf und weist meist sechs Patronenlager auf. Es gibt aber auch Ausführungen mit mehr oder weniger Patronenlagern. Die Trommel wird durch die Drehung in Position gebracht, so dass Lauf, Patronenlager und Schlagbolzen in einer Linie liegen. Der Schlagbolzen wiederum ist ein Bestandteil des Hahnes und schlägt durch eine Lücke im Verschlussstück auf das Zündhütchen der Patrone. So einfach sich das alles anhören mag, so kompliziert ist doch der Mechanismus insgesamt, der dem allem zugrunde liegt. Der Hahn wird mittels Feder gespannt. Wird der Abzug betätigt, schnellt der Hahn nach vorne und schlägt mit

Dreimal den Dreh raus: Links Armi Jäger Super Dakota in .44 Magnum mit Ladeklappe; in der Mitte Colt Trooper Mark III in .357 Magnum mit ausschwenkbarer Trommel und rechts ein Kipplaufrevolver Webley No. 2, Mark I* in .38 S&W

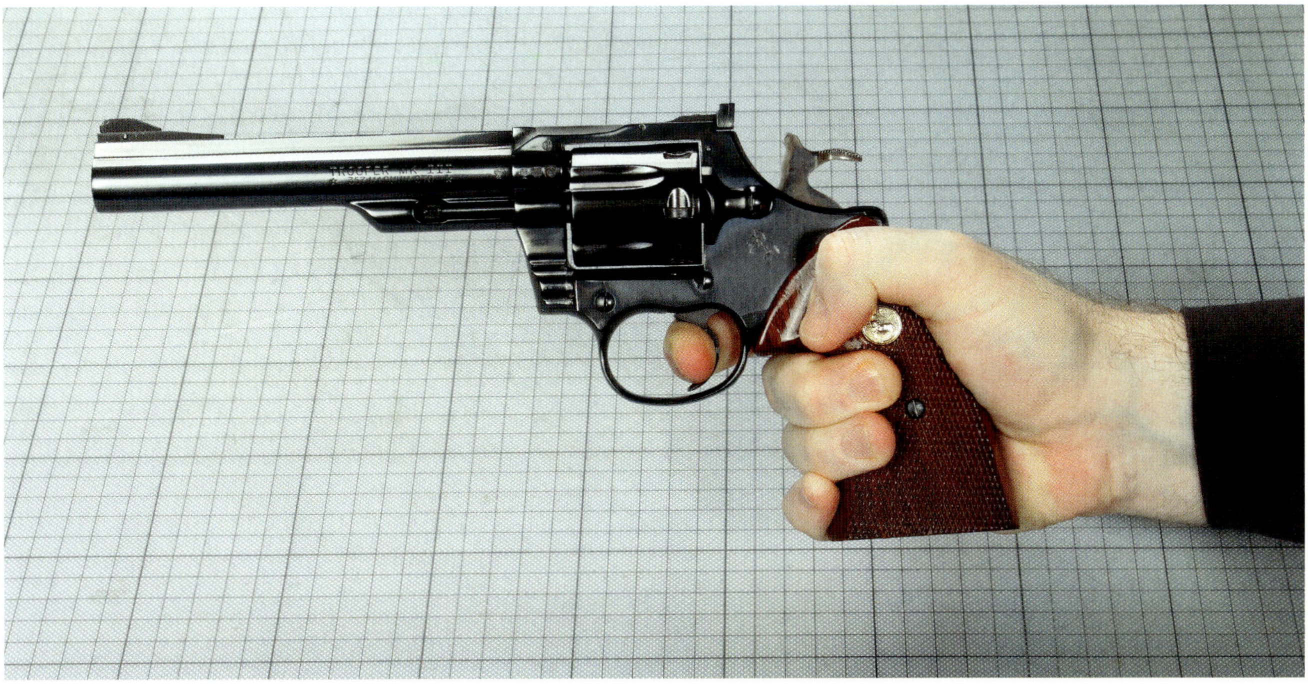

Spannabzug oder Double Action in Aktion. Es werden zwei Dinge ausgeführt, nämlich als erstes das Drehen der Trommel und dann das Auslösen des Schusses.

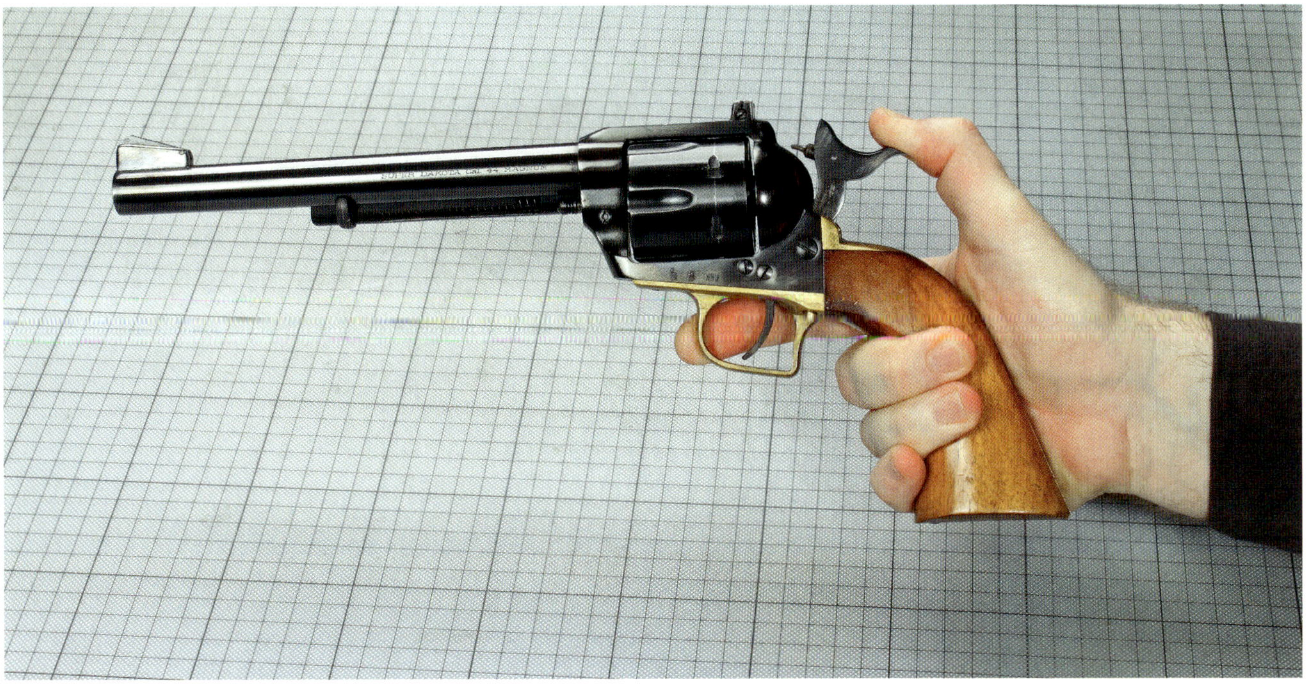

Beim Hahnspanner, oder auch Single-Action, wird nur eine Aktion ausgeführt, nämlich das Rotieren der Trommel, nicht aber der Schuss.

dem Schlagbolzen auf die Patrone. Gleichzeitig mit dem Spannen des Hahns wird über den Transporteur die Trommel genau ein Lager weiter gedreht, so dass immer wieder ein anderes Patronenlager hinter dem Lauf liegt. Dabei spielt es aber keine Rolle, ob sich die Trommel mit oder gegen den Uhrzeigersinn dreht. Dieses Prinzip findet sich bei allen Revolvern der beschriebenen Typen.
Trommelwaffen unterscheiden sich aber außerdem darin, ob es sich bei ihnen um ein Single-Action- oder ein Double-Action-System handelt. Unter der ersten Sorte versteht man diejenigen Waffen, bei der vor jedem Schuss der Hahn mit dem Daumen gespannt werden muss. Bei der zweiten Sorte ist dies nicht vonnöten – Trommel zu und schon kann geschossen werden. Allerdings lassen sich die meisten Double-Action-Revolver auch im Single-Action-Modus schießen, da dies auch eine bessere Zielgenauigkeit verspricht.
Darüber hinaus gab und gibt es unterschiedliche Methoden des Nachladens. Den meisten dürfte sicherlich die ausschwenkbare Trommel ein Begriff sein – sieht man so etwas doch nahezu in jedem Western. Es gab aber auch Modelle mit Kipplauf, bei denen gleich der gesamte Lauf samt den Patronenlagern nach vorne abgekippt wurde. Beide Methoden waren für die Militärmodelle schon eine Verbesserung, da sie die Nachladezeit merklich verkürzten. Vorher

So kompliziert kann ein Kipplaufrevolver sein. Er besteht aus vielen Einzelteilen, wobei das Knickgelenk einen Schwachpunkt darstellt.

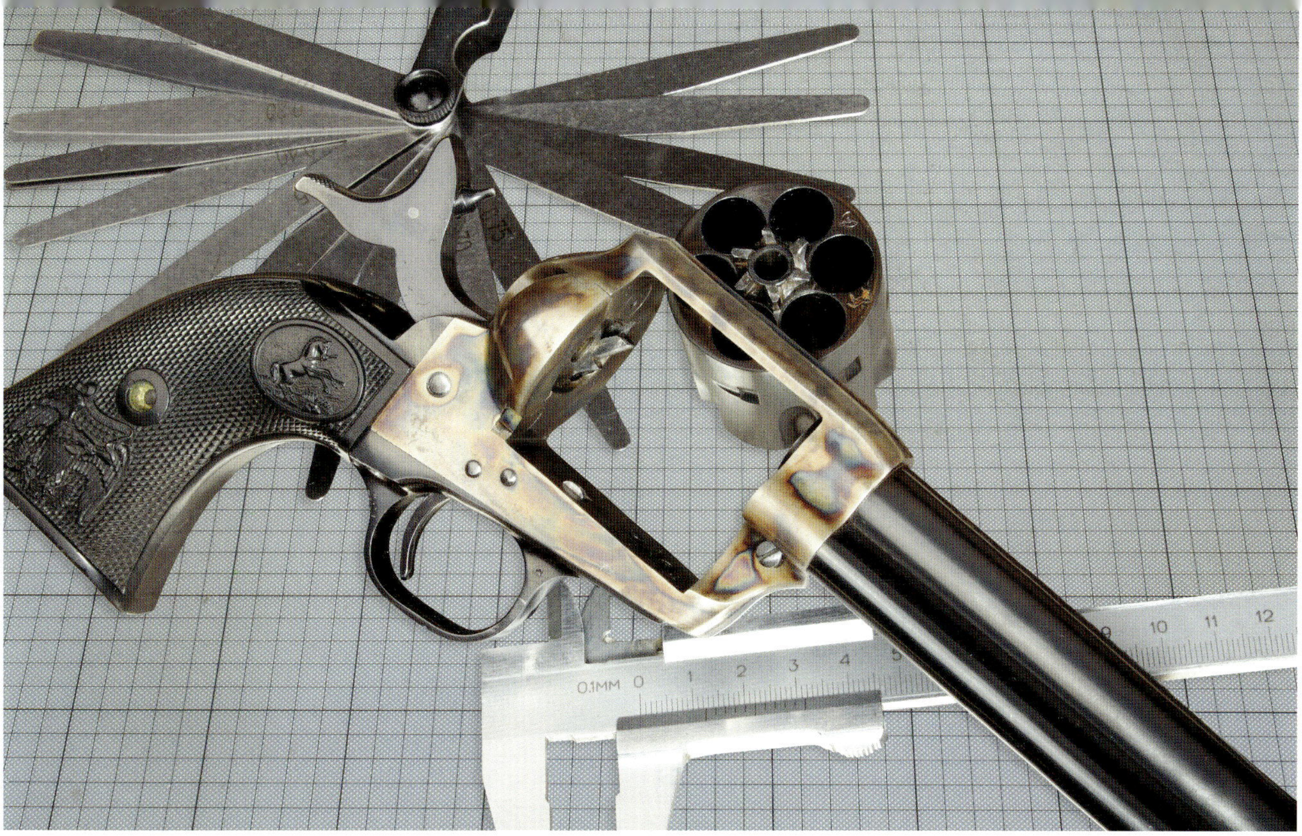

Revolver ohne Trommel. Man erkennt den zurückgezogenen Hahn, in der Mitte oben den Transporthebel und unten auf dem Rahmen die Trommelsperre.

Die Trommel bildet das Herzstück eines jeden Revolvers. Unten links erkennt man die Trommelsperre, in der die eckigen Nuten einrasten.

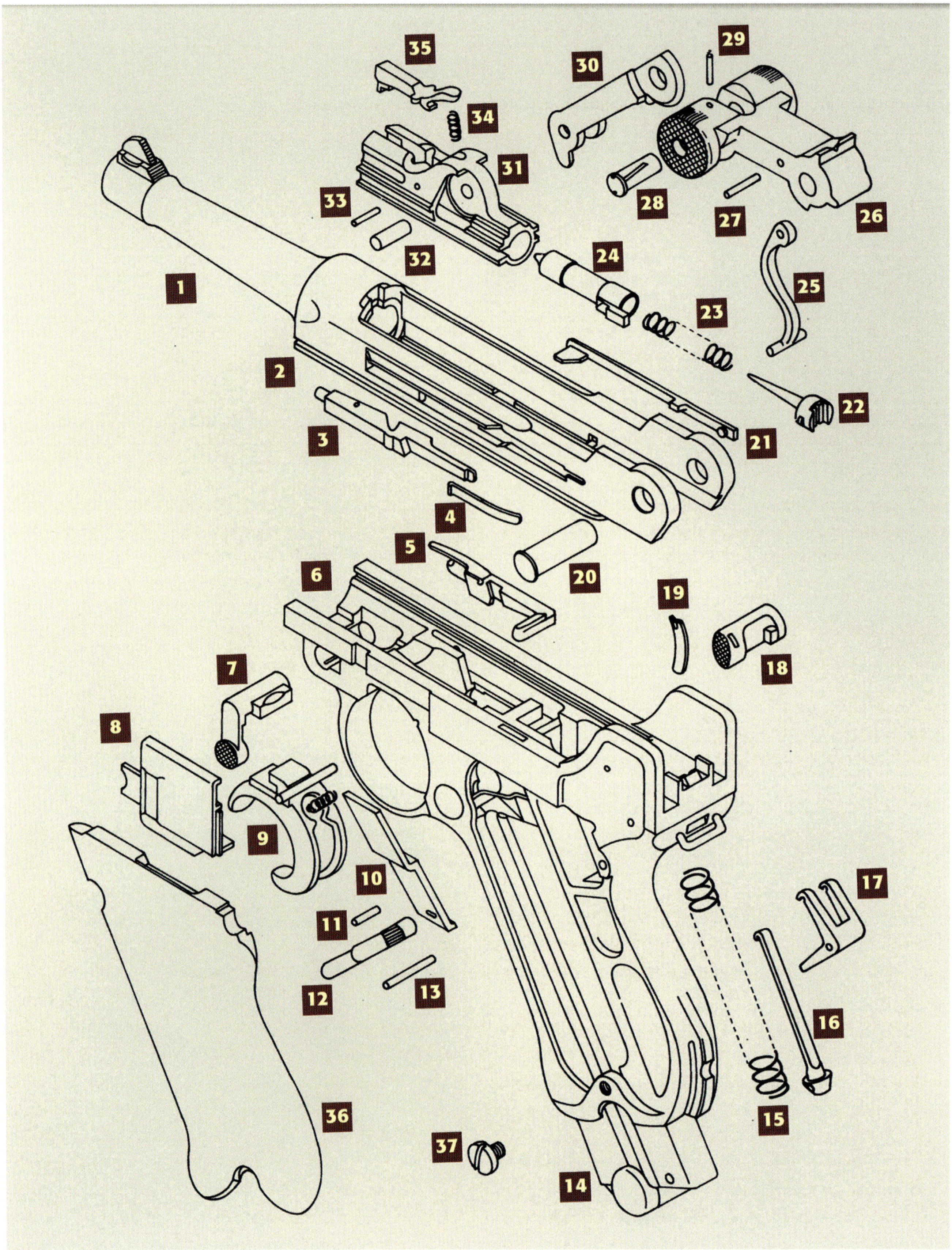

Explosionszeichnung einer deutschen Legende, der Nullacht. Es gab eine Vielzahl von Modellen und Abwandlungen, die heute Sammler auf der ganzen Welt erfreuen.

Parabellum – so heißen die Teile

1 Lauf
2 Hülse (mit Hülsenkopf und Gabelstück)
3 Abzugsstange
4 Abzugsstangenfeder
5 Kammerfangstück
6 Griffstück
7 Sperrstück
8 Deckplatte (auch: Seitenplatte)
9 Abzug
10 Sicherungsriegel
11 Sicherungshebelstift
12 Sicherungshebel (auch: -flügel)
13 Kupplungshebelstift
14 Magazin
15 Schließfeder (auch: Hauptfeder)
16 Kupplungsstange
17 Kupplungshebel
18 Magazinhalter
19 Magazinhaltefeder
20 Starker Verbindungsbolzen
21 Auswerfer
22 Federkolben
23 Schlagbolzenfeder
24 Schlagbolzen
25 Kupplungshaken (auch: Haken)
26 Hintergelenk
27 Kupplungshakenstift
28 Mittlerer Verbindungsbolzen
29 Stift zum mittleren Verbindungsbolzen
30 Vordergelenk
31 Kammer (auch: Verschluß)
32 Schwache Verbindungsbolzen
33 Auszieherbolzen (auch: -stift)
34 Auszieherfeder
35 Auszieher
36 Griffschale (hier die linke)
37 Griffschalenschraube

(Diese Angaben gemäß der offiziellen Nomenklatur. Allerdings können einige Teile in diesem Heft wie in der Literatur anders benannt sein. Und: An einem Teil integrierte Funktionselemente wie die Handhaben oder Knöpfe des Hintergelenks sind nicht eigens aufgeführt.)

Nicht weniger als 37 Punkte umfasst die Konstruktion der Nullacht, die sich zu einem Inbegriff deutscher Waffenbaukunst mauserte.

war es üblich, jede Patrone einzeln nachzuladen, während man händisch die Trommel weiter drehte. Darüber hinaus gab es noch eine Reihe anderer Methoden zum Öffnen von Revolvern, doch setzten diese sich nicht durch, weswegen sie hier auch keine Erwähnung finden sollen.

Im Großen und Ganzen verfügen aber alle Revolver über den hier beschriebenen Aufbau und diese Funktion, auch wenn es in Details eventuell ein paar Abweichungen geben mag. Der Revolver an sich ist überdies eine zuverlässige und robuste Waffe, deren Mechanik, bei entsprechender Pflege, unverwüstlich erscheint und deren Prinzip äußerst simpel anmutet. Da stellt sich natürlich die Frage, warum man dann im 20. Jahrhundert auf die Pistole umschwenkte, die den Dienstrevolver im Laufe der Jahre mehr und mehr zurück und an den Rand drängte? Die Antwort darauf hat ganz klar mit den Vorteilen zu tun, die eine Selbstladepistole dem Nutzer bietet.

In diesem Buch nutzen wir den Begriff »Selbstladepistole«. Andere Werke sprechen immer mal wieder von automatischen Pistolen, was aber als Terminus technicus nicht korrekt ist. Wie schon im MG-Buch dargelegt, versteht man unter einer automatischen Waffe eine Waffe, die solange schießt, wie der Schütze den Abzug gezogen hält. Bei den Pistolen in diesem Buch ist dies aber nicht der Fall. Vielmehr folgen auf den Schuss das automatische Auswerfen der Hülse, das Nachladen einer neuen Patrone und das erneute Spannen. Dennoch muss der Schütze erneut den Abzug betätigen, um einen weiteren Schuss abzugeben. Hierbei gleichen sich Pistolen in ihrem

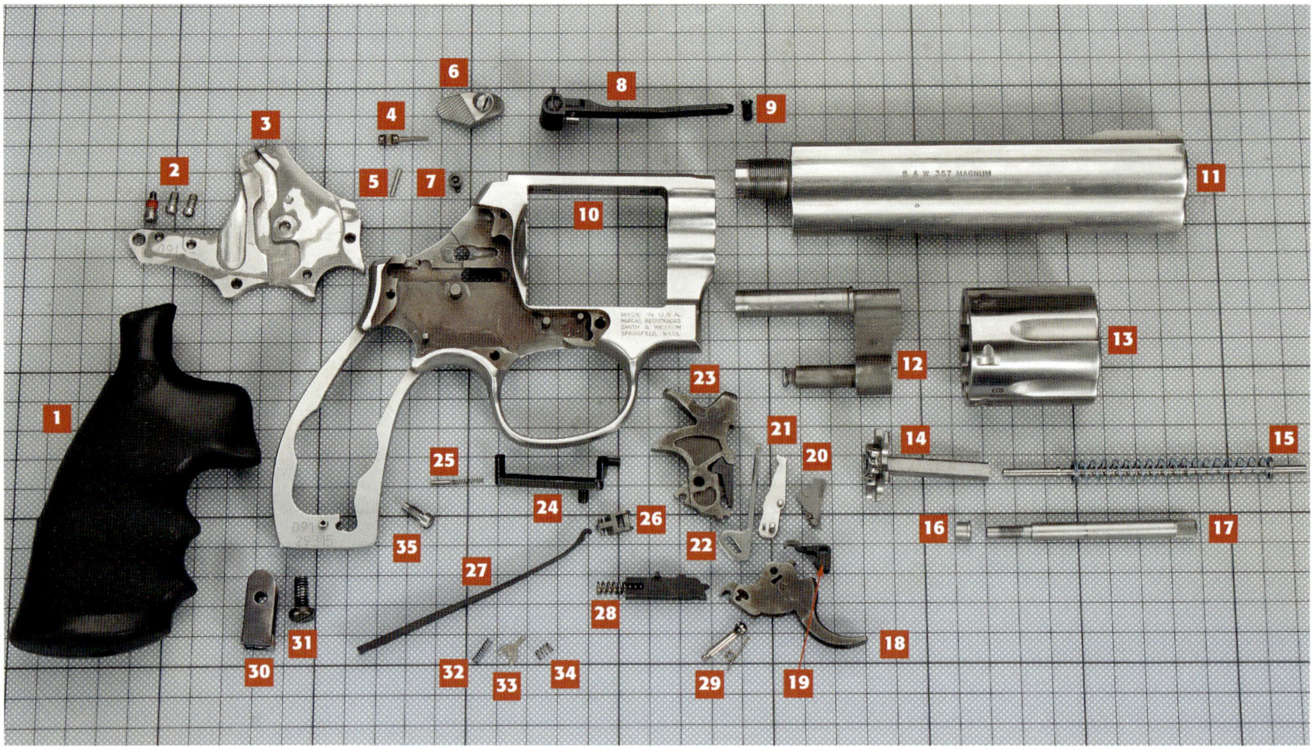

Wer meint, dass ein Revolver weniger kompliziert ausfällt als eine Pistole, der sollte sich mal die Bauteile dieses Smith & Wesson M 686 ansehen

grundsätzlichen Aufbau und ebenso die Revolver. So besteht eine typische Selbstladepistole aus einem Lauf, einem Schlitten, einem Verschluss, einem Auszieher, einem Schlagbolzen, einer Rückstoßfeder, einem Rahmen (mit Griff), einem Hammer und nicht zuletzt auch einem Magazin. Wie man allein daran sieht, weist eine Pistole in der Regel mehr Teile auf als ein Revolver. Mehr Teile heißt aber auch, mehr Störungsmöglichkeiten.

Dennoch hat eine Pistole Vorteile gegenüber dem Revolver, die nicht von der Hand zu weisen sind. Dies wären die Kapazität an möglichen Schüssen, das einfache Nachladen und auch die schnellere Schussfolge. Das sind alles Punkte, die die Anfälligkeit des Systems »Pistole« aufwiegen, zumal die Konstrukteure natürlich damals wie heute alles unternahmen bzw. unternehmen, um ihre Waffen entsprechend zuverlässig zu gestalten und zu bauen.

Dabei ist das Funktionsprinzip einer Pistole ebenso simpel wie bei den Revolvern. Wenn der Schütze schießen will, führt er das Magazin in die Pistole ein. In diesem Magazin liegen die Patronen übereinander und werden auch entsprechend abgeschossen. Dann lädt der Schütze die Waffe durch, in dem er den Schlitten zurückzieht und wieder nach vorne schnappen lässt. Dadurch wird die oberste Patrone in das Patronenlager befördert und der Hahn gespannt. Die Pistole ist fertig zum Schuss. Wird der Abzug nun gezogen, schnellt der Hammer mit Federkraft nach vorne und schlägt auf den Schlagbolzen. Dieser wiederum überträgt den Impuls auf das Zündhütchen der Patrone und der Schuss löst sich.

Damit endet der Vorgang aber nicht, sondern setzt vielmehr den Ladeprozess in Gang. Der Rückstoß schiebt den Schlitten mit dem Verschlussstück gegen den Druck der Rückholfeder zurück. In dieser Bewegung schiebt sich auch die leere Hülse

S & W's M 686 ist einer der meist genutzten Magnum-Revolver der Welt, hier mal zerlegt. Club 30-Mitglied Robert Schuhbauer-Struck schickte die Teile – hoffentlich fehlt nichts ...:

1. **Griff (Grip, Handle: hier Hogue Monogrip)**
2. **Schlossplattenschrauben (sideplate screws)**
3. **Schlossplatte (sideplate)**
4. **Schlagbolzen (firing pin)**
5. **Schlagbolzen-Stift (firing pin bolt)**
6. **Trommelentriegler mit Schraube (thumbpiece with screw)**
7. **Auslösesperre (internal lock)**
8. **Mikrometerkimme (elevation sight)**
9. **Kimmenschraube (sight leaf screw)**
10. **Rahmen (frame)**
11. **Lauf mit Ausstoßergehäuse (barrel, full lug)**
12. **Trommelkran (yoke)**
13. **Trommel (cylinder)**
14. **Auswerferstern (extractor)**
15. **Auswerferstern-Stange mit eigener Feder und der für den Auswerferstern (center pin, center pin spring, extractor spring)**
16. **Buchse des Auswerferstabes (extractor rod collar)**
17. **Auswerferstab (extractor rod)**
18. **Abzug (trigger)**
19. **Sperrklinke (cylinder stop)**
20. **Riegelplatte (lock arm)**
21. **Transporthebel (hand)**
22. **Impuls-Übertragungsstück (Transfer Bar)**
23. **Hahn mit Abzugsstange (hammer with sear)**
24. **Riegelstück (bolt)**
25. **Riegelstückbolzen mit Feder (bolt plunger, bolt plunger spring)**
26. **Hahnstange (hammer stirrup)**
27. **Hauptfeder (main spring)**
28. **Rückholgleitstück mit Feder (rebound slide, rebound slide spring)**
29. **Abzugshebel mit Schenkelfeder (trigger lever, trigger lever spring)**
30. **Griffschraubenbügel (grip screw stirrup, gehört zu Hogue Monogrip)**
31. **Griffschraube (grip screw)**
32. **Sperrstückfeder (cam retainer clip spring)**
33. **Sperrstück der Riegelplatte (cam retainer clip)**
34. **Schlagbolzenfeder (firing pin spring)**
35. **Hauptfederschraube (strain screw)**

Nicht abgebildet: Korn (front sight).

Massenware und Deluxe-Ausführung. Die Pistole 08 gab es millionenfach. Sie wurde auch in Lizenz gefertigt. Aber es gibt auch ganz besondere Stücke wie diese Sonderanfertigung in einer Holzkiste, die den Wert der anderen natürlich bei Weitem übersteigt.

aus dem Lager und wird mittels Auswerfer aus der Waffe befördert. Dann gleitet die Rückholfeder wieder nach vorne und nimmt die Bestandteile wieder mit. Der Schlitten gleitet also wieder zum Lauf hin, wobei der Vorderteil des Verschlusses den Rand der obersten Patrone erfasst und aus dem Magazin in das Patronenlager bewegt und so die Waffe wieder in einen schussbereiten Zustand versetzt. Dies kann solange wiederholt werden, wie Patronen vorhanden sind. In der Regel bleibt dann der Verschluss offen stehen, wenn die letzte Patrone verschossen ist.

Und genau in dieser Situation kann die Pistole eine ihrer Stärken ausspielen. Es spielt nämlich keine Rolle, ob nun Ladestreifen oder Magazine zum Einsatz kommen. Einfach neue Patronen einführen und schon kann es weitergehen. Bei Revolvern arbeitet man entsprechend auch mit Speedloadern oder Clips, doch die Pistole erweist sich dennoch als einfacher zu bedienen, auch von Schützen, die nicht so geübt sind im Umgang mit ihr. Hinzu kommen die beiden anderen Vorzüge der Pistole, nämlich Schussfolge und Kapazität. Sicher gibt es Schützen auf dieser Welt, die mit einem Revolver ebenso schnell schießen können wie mit einer Pistole, doch in der Regel kann der Pistolenschütze schneller schießen und nachladen als der Revolverschütze. Zudem hat er auch mehr Schuss zur Verfügung.

Diese Vorteile der Pistole führten dazu, dass man auch bei den Militärmodellen vom Revolver auf die Pistole umstieg. Die Nachteile der Selbstlader traten gegenüber den Vorteilen in den Hintergrund.

Dennoch finden sich auch heute noch viele »Trommler« auf der Welt und gehören weiterhin – wenn es um Militärmodelle geht – zu den gesuchten Sammlerstücken.

Die Walther P38 löste die Nullacht ab, blieb aber wegen der schleppenden Produktion während des Krieges mehr eine Randerscheinung.

Die Zeit der Kipplaufrevolver ist vorbei. Dennoch ergibt sich hier ein großes Sammlerfeld für Freunde dieser Konstruktionen.

Die Waffenkonstrukteure

Kurzbiografien

Auch in Zeiten von Gender-, Unterstrich-, Sternchen-Anhängseln bleibt es nicht aus, wenn es um die Entwicklung von Waffen geht, sich auch den Menschen dahinter zu widmen. Und gerade hier hat das männliche Geschlecht einen starken Überhang. Auf den folgenden Seiten wollen wir ein paar jener Personen erwähnen, die hinter den Waffenkonstruktionen in diesem Buch stehen, und zwar in alphabetischer Reihenfolge.
Mancher mag Menschen wie Kojiru Nambu oder andere vermissen. Sie sind keinesfalls vergessen. Die Kurzvita des Japaners beispielsweise findet sich im MG-Band. Auch viele andere Konstrukteure widmeten sich ganzheitlich dem Thema Waffen, darunter etwa Moses Browning, der ebenfalls im Band über die Maschinengewehre zu finden ist. Deswegen belassen wir es auch bei folgender kleiner Auswahl.

Amerikanische Soldaten inspizieren deutsche Beutewaffen. Durch diese Sammeltätigkeit gelangten viele Waffen auch über den Großen Teich.

Hugo Borchardt

Ein Multi-Talent, das dürfte Hugo Borchardt auf alle Fälle gewesen sein. Oder aber ein genialer Tüftler, um es etwas simpler auszudrücken. Er war am 6. Juni 1844 in Magdeburg auf die Welt gekommen. Im Jahr 1860 führte ihn sein Weg in die USA, wo er unter anderem bei Colt und Winchester arbeitete. 1881 kehrte Borchardt nach Europa zurück, nur um dann noch einmal von 1890 bis 1892 in den USA zu arbeiten. Überflüssig zu erwähnen, dass er sich dabei hauptsächlich mit Waffen beschäftigte. Auf seinen verschiedenen Stationen sammelte er reichlich Wissen und Erfahrung. Daraus gingen zwei Entwicklungen hervor: die Patrone 7,65 x 25 mm und die Pistole C 93. Letztere entstand in Berlin bei der Ludwig Loewe Company. Auf dem Prinzip dieser Waffe schuf ein anderer Konstrukteur dann eine andere Pistole, die zu einem gigantischen kommerziellen Erfolg werden sollte, der den Erfolg von Borchardt in den Schatten stellte.
Eine weitere bekannte Entwicklung Borchardts war das Sharps-Borchardt-Gewehr Modell 1878. Außerdem war er noch an der Entwicklung des Lee-Gewehres Modell 1895 als Berater involviert.
Es wäre aber zu kurz gegriffen, diesen Mann nur auf Waffen zu reduzieren. Denn neben seinen Erfindungen auf dem Gebiet der Waffentechnik hielt Hugo Borchardt auch andere Patente, so für eine Gesteinsbohrmaschine oder auch einen Gasbrenner. Der Erfinder starb am 8. Mai 1924 in Berlin.

Samuel Colt

Sein Name steht bei vielen als Synonym für den Revolver schlechthin: Colt. Im Jahr 1814 in Hartford,

Deutscher Soldat auf einer BMW R12. Auch hier war die Pistole in der entsprechenden Tasche immer am Mann.

Connecticut, auf die Welt gekommen, interessierte er sich schon früh für Waffen. Vor allem die Idee eines Revolvers faszinierte ihn schon in jungen Jahren. Im Jahr 1836 erhielt Samuel Colt schließlich ein Patent für seine Revolverkonstruktion mit Drehzylinder. Zwar hat er hier mehrere bereits existierende Elemente zusammengefügt. Dennoch bekam er das Patent und produzierte fortan den Revolver. Auch wenn der Name Colt heute stellvertretend für Revolver an sich steht, so verbinden sich mit diesem Namen doch auch weitere Handfeuerwaffen wie die Pistole 1911 oder das M 16 Sturmgewehr, die alle das Unternehmen Colt herstellte.

Auch auf anderen Sektoren war Colt aktiv. So entwickelte er z.B. Unterwasserminen. Er starb am 10. Januar 1862 in seinem Geburtsort in Connecticut.

Ludwig Loewe

Hinter dem Namen Loewe verbirgt sich nicht nur eine Großkatze, sondern auch eine Familie, die viel für die deutsche Waffenindustrie im 19. und 20. Jahrhundert leistete.

Ludwig Loewe kam im Jahr 1837 in Heiligenstadt auf die Welt und gründete im Jahr 1864 eine Firma für Feinmechanik, aus der später die »Ludwig Loewe Commanditgesellschaft« hervorging. Bald stellte das Unternehmen auch Waffenteile her und im Jahr 1877 sogar ganze Waffen – dies war einem Auftrag aus Russland zu verdanken. Auch andere Länder nahmen bald die Dienste von Loewe in Anspruch. Im Jahr 1886 starb Ludwig Loewe mit gerade einmal 49 Jahren. Sein jüngerer Bruder Isidor übernahm die Leitung des Unternehmens, der durch Zukäufe den Betrieb vergrößerte und im In- und Ausland Firmen-

Georg Luger in jungen Jahren. Mit seiner Parabellum-Pistole revolutionierte er die Waffenwelt.

Die Familie Luger posiert einträchtig für ein Familienfoto. Georg Johann Luger ging daran, die C93 zu verbessern, aus der dann sein Modell 1900 entstand.

beteiligungen erwarb. Im Jahr 1910 starb auch Isidor Loewe. An seine Stelle traten seine Söhne Erich und Egon. Sie verwalteten einen der größten Waffenproduzenten Europas: Mauser, FN, Vickers, Sons & Maxim und andere Beteiligungen gehörten zum Imperium der Loewes, die aber schon Ende des 19. Jahrhunderts das Waffensegment ausgliederten – DWM dürfte vielen etwas sagen.

Aber der von Deutschland verlorene Erste Weltkrieg sorgte zunächst für schlechte Zeiten bei der DWM, hinzu kamen die Inflation in den 1920er Jahren und der Aufstieg der Nationalsozialisten. Vor allem unter den Letzteren hatten die Loewes zu leiden, weil sie Juden waren. Nachdem ihr Besitz beschlagnahmt worden war, ergriffen sie in den Jahren 1936 bis 1938 die Flucht ins Ausland.

Obwohl eigentlich keine Konstrukteure, waren die Loewes doch dafür verantwortlich, dass viele Waffen überhaupt erst produziert werden konnten. Vielleicht hätte es vieles nicht gegeben, wenn die Loewes sich nicht dafür stark gemacht hätten.

Georg Johann Luger

Nullacht, Parabellum-Pistole oder schlicht Luger. Alle diese Worte beschreiben die gleiche Waffe und damit auch jenen Mann, der sie aus der Taufe hob. Georg Johann Luger kam am 6. März 1849 in Steinach, Tirol, auf die Welt. Seine Familie siedelte aufgrund einer Anstellung des Vaters (Chirurg) in die österreichische Provinz Padua über.

Im Jahr 1867 meldete sich Georg beim Militär, wo er seine exzellenten Leistungen als Schütze unter Beweis stellte. Hier wird allgemein auch der Ursprung für seine Begeisterung für die Waffentechnik gesehen. Nach vier Jahren verließ er die Armee als Leutnant der Reserve. In den 1870er Jahren machte Luger die Bekanntschaft mit Ferdinand Ritter von Mannli-

Bild der Familie Carl Walther, entstanden um das Jahr 1906 herum. Auch heute noch steht der Name Walther für Waffen erster Güte.

Isidor Loewe (1848 bis 1910; links) und Ludwig Loewe (1837 bis 1886), Eigentümer des Loewe-Konsortiums, zeichneten auch verantwortlich für die Produktion der Borchardt-Pistole

cher, der ihn als Handelsvertreter für die DWM AG anwarb. Zu seinen Produkten gehörte auch die von Hugo Borchardt entwickelte C 93. Kunden empfanden diese aber als zu schwer und zu groß und hatten auch noch andere Dinge an der Pistole zu bemängeln. Luger ging daran, die Waffe weiterzuentwickeln, dabei orientierte er sich an den Wünschen der Kunden. So entstand die Pistole mit dem charakteristischen Kniegelenkverschluss, deren Durchbruch mit dem »Modell 1900« kam, als die Schweiz diese Waffe einführte.
Der Rest ist Waffenlegende geworden. Doch auch wenn die Waffe vor, während und auch nach dem Ersten Weltkrieg in unzähligen Ländern, in unzähligen Varianten usw. zu finden war, brachte sie Luger kein Glück. Nach Kriegsende von DWM vor die Tür gesetzt, verlor der Waffenbauer viel von seinem Vermögen, da er in Kriegsanleihen investiert hatte, die nun wertlos waren. Georg Johann Luger starb am 22. Dezember 1923 in Fichtenau.

Sylvestr Krnka (1825 bis 1903) hatte neben Karel Krnka den größten Einfluss auf Konstrukteure wie Hugo Borchardt oder Georg Luger.

Henri-Léon / Emile Nagant

Wer kennt sie nicht, die russischen Waffen namens Nagant M 1895 und Mosin-Nagant? Doch hinter diesen bekannten Schöpfungen steht kein Russe, sondern ein Belgier beziehungsweise sogar zwei Belgier. Henri-Léon Nagant und sein Bruder Èmile Nagant gründeten im Jahr 1859 im belgischen Lüttich eine Werkstatt für Feinmechanik. Damit war der Grundstein gelegt für das, was im Laufe der Jahre daraus werden sollte, nämlich die bekannte Fabrique d´Armes Em. & L. Nagant.
Hier wurden der Revolver und das Gewehr entwickelt, für die der Name Nagant heute noch immer steht. Den Revolver führten – so gerüchteweise – die Russen nur als offizielle Ordonnanzwaffe ein, weil Nagant sehr gute Beziehungen zum Hof gehabt haben soll. Im Jahr 1900 starb dann Henri-Léon Nagant. Seine Söhne Charles und Maurice übernahmen daraufhin das Unternehmen.

Andreas Wilhelm Schwarzlose

Obwohl in Deutschland geboren (am 31. Juli 1867 in Wust, Brandenburg), verorten viele Andreas Wilhelm Schwarzlose doch in Österreich. Das dürfte seinen Grund vor allem in der Tatsache finden, dass die Truppen der Donaumonarchie das von ihm entwickelte Maschinengewehr 07/12 einführten, das auch als Schwarzlose-MG bezeichnet wurde.
Dabei reiste er in jungen Jahre in deutschen Landen weit umher. Er leistete seinen Militärdienst in der österreichisch-ungarischen Armee ab, besuchte eine Technikerschule für die Artillerie und absolvierte dann eine Ausbildung in Suhl. Das war für den Sohn eines Landwirtes kein typischer Werdegang. Auf alle Fälle befasste sich Schwarzlose schon früh mit Selbstladepistolen. Schon im Jahr 1892 beantragte er sein erstes Patent – doch blieb der Erfolg aus, zumindest zunächst.
Im Jahr 1897 gründete er in Berlin die nach ihm benannte Firma A. W. Schwarzlose GmbH – mit der

Hilfe von zwei anderen Unternehmern. Im gleichen Jahr erhielt er ein Patent auf einen »Kniegelenkverschluss für selbsttätige Feuerwaffen mit festliegendem Lauf«. Dahinter verbirgt sich eine Pistole, die übrigens nach dem gleichen Prinzip arbeitete, wie das bekanntere MG von Schwarzlose.
Die Schwarzlose-Standard-Pistole (Patentjahr 1898) arbeitete mit einem Drehverschluss. Man sieht also, dass Andreas Schwarzlose äußerst umtriebig war, was die Konstruktion von Waffen anging und dabei auch mehr oder weniger um die Ecke dachte. Es folgten Entwicklungen auf dem Gebiet der Taschenpistolen sowie weitere Waffen, wie z.B. das MG, für das Schwarzlose noch heute bekannt ist. Er starb am 18. April 1936 in Berlin.

Fjodor Wassiljewitsch Tokarew

Held der sozialistischen Arbeit – diese Ehrung erhielt Fjodor Wassiljewitsch Tokarew im Jahr 1940, noch vor dem Angriff der Wehrmacht auf die Sowjetunion. Im Jahr 1871 geboren, ging der junge Mann bald den Weg nach Tula, wo das Herz der russischen Waffenproduktion schlug. Hier widmete er sich unter anderem der Entwicklung von Handfeuerwaffen – so geht auch das Selbstladegewehr SWT-40 auf seine Arbeiten zurück.
Ein technisches Vermächtnis schuf sich der Mann mit der Konstruktion der Selbstladepistole TT-33, die seinen Namen trägt und darüber hinaus eine Zeitenwende in der Roten Armee einleitete. Die neue Pistole sollte nach und nach den alten Nagant-Revolver ersetzen. Wie andere sowjetische Konstrukteure konnte er kommerziell nicht von seiner Erfindung profitieren. Er starb am 7. Juni 1968 in Moskau.

Carl Walther

Walther – damit verbinden auch heute noch viele das Thema Waffen, wie etwa im Sportbereich. Im Jahr 1858 geboren, eröffnete Carl Walther 1886 in einem Ortsteil des thüringischen Zella-Mehlis seine eigene Waffenwerkstatt. Beginnend mit Jagd- und Scheibengewehren, arbeiteten auch die Söhne im väterlichen Betrieb mit. Das Unternehmen wuchs beständig.
Fritz Walther wechselte nach seiner Gesellenprüfung im Jahr 1906 nach Berlin und arbeitete zunächst als Werkzeugmacher bei DWM, wo er auch die Pistolenproduktion begutachten konnte. Fritz überzeugte seinen Vater davon, in den wachsenden Markt für Selbstladepistolen einzusteigen. Schon im Jahr 1908 konnte die erste Pistole aufgelegt, aber erst 1910 zum Kauf angeboten werden. Die Produktion lief 1911 an. Im Jahr 1914 folgte der erste Verkaufsschlager. Carl Walther starb am 9. Juli 1915, sein Sohn Willy erlag den Verletzungen, die er in der Schlacht von Lodz erlitt.
Fritz Walther übernahm den Posten seines Vaters, die Brüder Georg und Erich übernahmen Betriebsführung und Verkauf. Nach einer Durststrecke nach dem Ersten Weltkrieg entwickelte sich das Unternehmen Walther zum führenden Pistolenhersteller in Deutschland. Walther PP, Walther PPK und Walther P 38 – mehr muss wohl nicht gesagt werden.
Fritz Walther, im Jahr 1889 geboren, starb im Jahr 1966 und Karl-Heinz Walther (1923 bis 1983) übernahm die Firma. Er war der letzte Träger des berühmten Namens als Firmenchef. Nach dem Zweiten Weltkrieg baute man zunächst Rechenmaschinen, wie schon in den 1920er Jahren, bevor es langsam wieder mit der Waffenproduktion losging.

Internationale Pistolen- und Revolvermodelle

Deutschland und Österreich

Beholla

Der Name Beholla leitet sich von der Firma Becker & Hollander ab. Die Produktion dieser Pistole lief aber nur recht kurz und endete bereits im Jahr 1918.

Zu den unbekannteren Pistolen aus der Zeit des Zweiten Weltkrieges zählt auf alle Fälle die Beholla. Das liegt aber nicht an ihrem ungewöhnlichen Namen (der sich aus den Namen der Hersteller zusammensetzt) oder den lediglich etwa 45.000 produzierten Exemplaren, sondern eher an der Tatsache, dass diese Selbstladepistole ein Kind des Ersten Weltkrieges ist. Im Jahr 1915 begann die Produktion – im Jahr 1918 lief sie schon wieder aus.

Bei der Beholla handelt es sich um eine Taschenpistole. Der Rückstoßlader erwies sich als robust genug, um auch im Krieg bestehen zu können. Auch das Kaliber war noch ausreichend. Ein Manko: das Zerlegen. Ohne Werkzeug war eine Demontage nicht möglich. Zuerst nimmt der Schütze das Magazin heraus und zieht den Schlitten nach hinten – die allseits geliebte Sicherheitsüberprüfung. Schon braucht man einen Hammer und einen Dorn, Nagel oder einen anderen spitzen Gegenstand.

Etwa in der Mitte des Schlittens befindet sich ein Loch, in dem wiederum ein Stift steckt. Dieser Stift hält den Lauf. So muss mit Hilfe des Nagels dieser Stift herausgeklopft werden. Dann kann man den Schlitten zurückziehen, bis der Sicherungshebel nach oben

Technische Daten:	
Hersteller:	Becker & Hollander, Suhl
Produktionszeit:	1915 bis 1918
Ausführung:	Selbstladepistole
Kaliber:	7,65 mm
Länge:	140 mm
Lauflänge:	73 mm
Gewicht:	640 g
Magazin:	7 Schuss
Mündungsgeschwindigkeit:	280 m/s
Effektive Reichweite:	40 m

Die Fertigung des Originals endete bereits im Jahr 1918, doch danach gab es in einigen Staaten noch weitere Produktionen in Kleinserien.

gelegt werden kann, so dass er gehalten wird. Anschließend kann der Lauf zurückgestoßen werden – unter Umständen wieder mit Hilfe des Hammers – bis das schwalbenschanzförmige Stück aus dem Rahmen kommt und man den Lauf entnehmen kann. Anschließend muss der Schütze den Sicherungshebel betätigen und kann den Schlitten aus dem Rahmen führen. Ein umständliches Prozedere, vor allem wenn der Nutzer sich im Gefecht befand.

Dennoch war qualitativ nichts an dieser Pistole auszusetzen. Ein paar andere Firmen bauten die Behola-Pistole ebenfalls, was ihr auch weitere Namen wie »Meta«, »Stenda« oder »Leonhardt« eintrug, eben je nach dem, wer das Modell baute.

Obwohl wie gesagt eigentlich im Ersten Weltkrieg beheimatet, fand sie auch noch nach 1939 vielfach Verwendung, vor allem bei Offizieren. Viele ältere Offiziere dürften wohl noch an ihre Erfahrungen aus dem »Großen Krieg« gedacht haben. Nach dem Ende des Ersten Weltkriegs entstanden in den 1920er Jahren noch ein paar weitere Exemplare. Auch in Litauen oder Bulgarien war diese Taschenpistole zu finden.

Mauser Modell 1934

Dieses Modell von Mauser – eine Taschenpistole – bildet die letzte Entwicklungsstufe einer Waffe, die auf das Jahr 1910 zurückgeht. In eben jenem Jahr kam die Ursprungsversion dieser Pistole auf den Markt. Dabei handelt es sich um einen Rückstoßlader mit Schlagbolzenzündung. Das Ursprungskaliber war 6,35 Millimeter, das man aber schon beim Modell 1914 auf 7,65 Millimeter vergrößerte und dies auch beim Modell 1934 beibehielt.
In eben diesem Jahr und bei diesem Modell veränderte man auch das Griffstück der Pistole, damit die Waffe besser in der Hand lag. Mechanisch gleichen sich alle drei Varianten aber. Der Magazinboden der Mauser M 1934 ist abgerundet. Der Verschluss bleibt nach dem letzten Schuss offen und eine Sperre rastet ein. Diese löst sich erst, wenn ein neues Magazin (auch ein leeres) eingeführt wird. Ebenso findet sich eine Magazinsicherung in der Waffe, die den Schlagbolzen blockiert, solange kein Magazin im Schacht steckt.
Das Zerlegen weicht hier ein wenig von anderen Modellen ab: Schlitten zurückziehen und einrasten lassen. Unterhalb der Mündung befindet sich

Mauser M 1934 nebst Magazin und Tasche, die letzte Stufe einer Entwicklung, die noch auf das Jahr 1910 zurückgeht.

Technische Daten:	
Hersteller:	Mauserwerke AG, Oberndorf
Produktionszeit:	1934 bis 1941
Ausführung:	Selbstladepistole
Kaliber:	7,65 mm
Länge:	159 mm
Lauflänge:	87 mm
Gewicht:	600 g
Magazin:	8 Schuss
Mündungsgeschwindigkeit:	297 m/s
Effektive Reichweite:	40 m

Eine robuste Pistole, die Mauser M 1934, die noch bis weit in den Krieg produziert wurde.

eine kleine Fangklinke, die eine kleine Platte hält – beim Modell 1934 ein zu einer Feder gefaltetes Stück Stahl. Fangklinke eindrücken und die Platte um 90 Grad drehen und nach vorne ziehen. So lässt sich ein Stift entnehmen. Nun lässt sich der Lauf (gerade hoch) entfernen. Im nächsten Schritt drückt man die Magazinhalterung und zieht das Magazin halb heraus. Dann zurück damit, wodurch der Schlitten nach vorne geht, bis er am Zubringer ankommt. Dann vorsichtig zurückziehen, bis die ineinandergreifenden Teile von Schlitten und Rahmen hinten übereinanderstehen. Dann den Abzug durchziehen, das Magazin herausnehmen und der Schlitten geht nach vorne und kann entnommen werden. Nun können auch die Verschlussfeder, die Führungsstange, der Schlagbolzen und die Schlagbolzenfeder herausgenommen werden. Die Waffe ließe sich noch weiter zerlegen, doch das würde an dieser Stelle einfach zu weit führen.

Im Produktionszeitraum von 1934 bis 1941 entstanden etwa 8000 Stück für die Wehrmacht (mit den entsprechenden Stempeln), die dann vornehmlich an die Kriegsmarine und die Luftwaffe gingen, um bei diesen Teilstreitkräften die Mauser HSc zu ersetzen.

Dieses Stück ist schon etwas abgegriffen nach all den Jahrzehnten, doch erkennt man noch den Herstellungsort am ehemaligen Mauserstandort Oberndorf.

Das Anvisieren des Ziels erfolgte ganz einfach per Kimme und Korn. An so etwas wie ein Red Dot dachte niemand.

Etwa 8000 Stück der M 1934 entstanden für die Wehrmacht. Vor allem Kriegsmarine und Luftwaffe gehörten zu den Abnehmern.

Das Zerlegen der Waffe zeigte sich bei diesem Modell als etwas umständlich, konnte aber mit der entsprechenden Übung schnell gemeistert werden.

Detailaufnahme der Mauser Modell 1934 aus einer privaten Sammlung – noch aus den Beständen des Großvaters.

Das Fotoobjekt befindet sich in einem einwandfreien Zustand und wird sogar noch genutzt – nach all den Jahrzehnten.

Auch das passende Holster gehört zu dieser Waffe. Auffällig: Die separate Magazintasche auf dem Lederbehältnis.

Mauser C96

Der wenig schmeichelhafte Name für diese Waffe lautet »Besenstiel«, den sie aufgrund der Griffform bekam. Nichtsdestotrotz handelt es sich bei der Mauser C96 (auch als M96 bezeichnet) um eine Pistole mit einer sehr langen Dienstzeit. Im Jahr 1893 wurde sie vom Mauser-Direktor Federle mit der Unterstützung zweier Brüder entwickelt und im Jahr 1895 patentiert. Bevor eine Serienfertigung beginnen konnte, erfolgten die üblichen Abänderungen, Verbesserungen und Nacharbeiten. So gab es unterschiedliche Versuche mit Magazinen oder auch Kalibern. Bei Letzterem verblieb man beim Kaliber 7,65-mm-Borchardt, nahm jedoch Veränderungen an den äußeren Maßen vor und erhöhte auch die Pulverladung der Patrone. Am Ende stand dann das Kaliber 7,63-mm-Mauser.

Im Jahr 1896 war es dann soweit, dass man die Pistole vorführte. Zu den Nutzern gehörte auch der deutsche Kaiser Wilhelm II., der höchstselbst einige Schüsse damit abgab. Dementsprechend sollte sie auch beschafft werden. Doch die Produktion lief in den ersten Monaten nur schleppend an. Die Vorbereitungen begannen aber unter Hochdruck, so dass Mitte 1897 die volle Leistung gefahren werden konnte. Bis dahin kam es noch zu ein paar kleineren Änderungen an der Waffe, so etwa die Verwendung der zweifachen Verriegelungswarze. Insgesamt sollten sowohl die Fertigung

Eine M712 – eine späte Version der Mauser C96, die nach Asien ging. Hier aber als eine täuschend echt wirkende Airsoft-Replika.

Als »Besenstiel« verunglimpfte man diese Waffe, die für eine gewisse Zeit als die stärkste Pistole der Welt galt.

vereinfacht, als auch die Funktion verbessert werden. Für den Sammler sicherlich nicht uninteressant: ältere Modelle lassen sich an dem Schriftzug »SYSTEM MAUSER« über dem Patronenlager erkennen. Ab dem August 1897 fand sich dann folgender Schriftzug auf der Waffe: »WAFFENFABRIK MAUSER OBERNDORF A. N.«

Über viele Jahre hinweg war die Mauser C96 die stärkste Pistole der Welt mit ihrer hohen Geschossgeschwindigkeit und der flachen Schussbahn. Zu den Ausstattungsdetails, die sie unverwechselbar machen, gehört der bekannte Anschlagschaft, der es einem versierten Schützen erlaubt, auch weiter entfernte Ziele unter Feuer zu nehmen.

Doch Kritik es gab auch an der Waffe, denn sie war schwer und unhandlich. Als Toploader ausgelegt, war das Aufmunitionieren mittels Ladestreifen nicht jedermanns Sache. Die neuen Patronen mussten von oben durch den offenen Verschluss in die Waffe eingeführt werden. Es gab aber auch andere Lösungen. Die alten Modelle verfügten über eine Kapazität von fünf Patronen, das Standardmodell fasste zehn. In den 1920er Jahren erschienen einige C96er-Varianten mit abnehmbarem Kastenmagazin für 20 Patronen; auch eine vollautomatische Variante war erhältlich – dazu später mehr.

Bei der C96 handelt es sich konstruktiv um eine Selbstladepistole (Rückstoßlader) mit verriegeltem Verschluss und Hahn-Schlagbolzenzündung. Das Magazin liegt dabei vor dem Abzugsbügel, das über Nuten verfügt, in die die Ladestreifen eingeführt werden. Auf einer Seite befindet sich zudem bei der Pistole eine Aussparung, damit sich auch die letzte Patrone bequem laden lässt. Nach dem Entfernen des Ladestreifens kann die Waffe die erste Patrone zuführen und ist schussbereit. Der Lauf der C96 wurde aus einem Stück gefertigt und geht in das Verschlussgehäuse über. Unterhalb von diesem und der dazugehörigen Kammer liegt der Riegelblock der Pistole, der auf der Oberseite zwei viereckige Warzen trägt, die wiederum oben in die Kammer eingepasst sind.

Will der Schütze nun die C96 abfeuern, muss die Kammer nach vorne, so dass beide Warzen in die korrespondierenden Aussparungen eingreifen und so Lauf und Verschluss fest verbinden. Dann erfolgt der Schussablauf, an dessen Ende eine neue Patrone ins Lager geschoben wird. Zu den weiteren

Besonderheiten der Pistole zählt auch die Sicherung, die hier als senkrechte Hebelsicherung ausgeführt ist und sich längs des Hahnes befindet. Eine weitere Eigenheit: Der Hahn verdeckt die Kimme der Waffe, wenn sie nicht gespannt ist.
Die C96 war ein Dauerbrenner und es entstanden von ihr mehr als 25 verschiedene Versionen und Varianten. So auch eine Variante im Kaliber 9-mm-Parabellum, das im Jahr 1917 im deutschen Heer eingeführt wurde.
Doch es gab noch viele andere Abwandlungen und Modelle dieser Mauserwaffe. Am bekanntesten dürfte wohl allein von seinem äußeren Erscheinungsbild

C96-Modell aus einer privaten Sammlung. Es gab unzählige Abwandlungen und Modelle dieser Waffe …

… um sie auf dem modernsten Stand zu halten. Noch in den 1930er-Jahren produzierten viele Länder diese Waffe. Das Besondere an diesem Stück: Es findet seinen Platz in einem »hölzernen«, besonderen Holster.

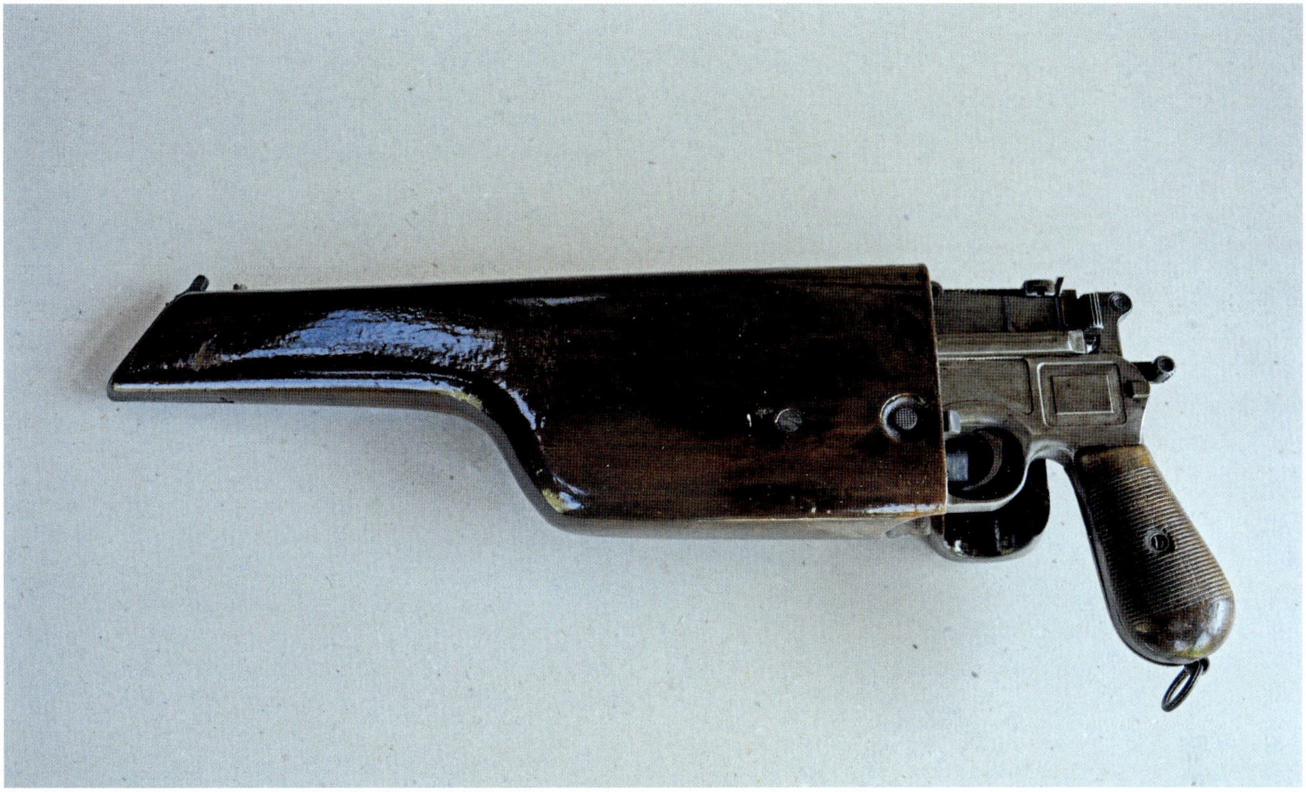

Alles an seinem Platz. Diese Version der C96 findet ihren Platz in einem hölzernen Zuhause, das auch als Schaft diente, um auf weite Entfernungen zu wirken.

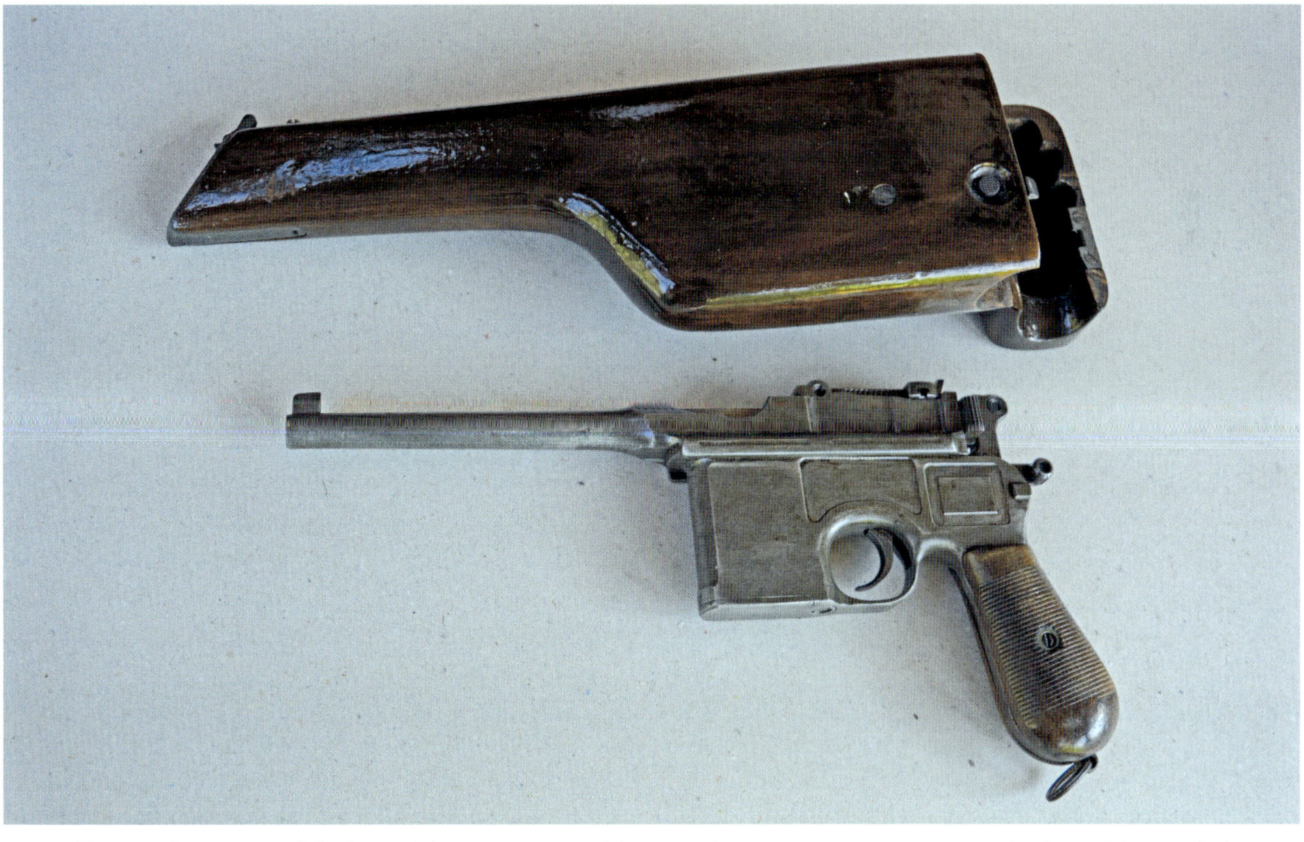

Die Waffe ist nach wie vor voll funktionsfähig. Spätere Ausführungen konnte man mit einem entnehmbaren Magazin bekommen, was das Nachladen wesentlich vereinfachte.

das Modell 98 sein, das ein paar Veränderungen zum Ursprung aufweist, wie einen 140-mm-Lauf oder aber eine Kimme, die sich von 50 bis 700 Meter einstellen lässt, wenn die Pistole mit Anschlagschaft verwendet wird. Es folgten die Versionen M3, M12 und Mauser »Bolo«, die sich wieder in manchen Details unterscheiden.

Nach dem Ersten Weltkrieg trat der Versailler Vertrag in Kraft, der es deutschen Firmen erschwerte, weiter Waffen zu fertigen. Das Know-how war aber nach wie vor vorhanden, auch bei Mauser. Doch Mitte der 1920er Jahre sah es zumindest im Bereich der Handfeuerwaffen freundlicher aus, so dass Mauser das Modell 26 herausbrachte, das in etwa der M12 entsprach, aber einen 133-mm-Lauf, eine andere Sicherung und ein Anschlagschaftfutteral mit Visiereinstellung auf 1000 Meter hatte. Vor allem nach China und Südamerika gingen diese Waffen. In diesen Ländern sowie in Spanien entstanden in den 1930er Jahren zahlreiche Kopien. Ebenfalls in diese Zeit fiel ein Modell, das man unter der

Die neun auf dem Griff weist darauf hin, dass es sich hier um eine C96 im Kaliber 9 mm Luger handelt

Die Schiebevisierung der C96 reicht von 50 Meter bis 1000 Meter. Eine realistische und wirkungsvolle Entfernung liegt aber bei 300 Metern – dann aber mit Anschlagschaft.

An den beiden Bildern auf dieser Seite lässt sich einer der größten Kritikpunkte am Konzept der Mauser C96 erkennen, nämlich das Nachladen.

Mit solchen Ladestreifen musste die Waffe aufmunitioniert werden, in die Patronen gesteckt wurden, um sie dann von oben in die Waffe zu stecken.

Bezeichnung M1932 kennen sollte, eine Schnellfeuerversion der C96 (auch als M712 bekannt), die mit einem Stangenmagazin ausgestattet war und eine Art Minimaschinenpistole darstellte. In Jugoslawien und China (zum Truppenversuch auch bei der Wehrmacht) fand sich diese Schnellfeuermauser wieder – allerdings mit einer Kadenz von etwa 850 Schuss in der Minute, ohne jeglichen praktischen Zweck bei 10 oder 20 möglichen Schuss. Doch die Zeit für dieses Modell war bald abgelaufen. In deutschen Diensten waren die Nullacht und die P38 das Maß der Dinge.

Als dann der Zweite Weltkrieg ausbrach und die Erfüllung der Aufträge mit den modernen Pistolen in den Fokus rückte, endete die Produktion der älteren Modelle bei Mauser, da die Herstellung dieser Waffen, wenn sie auch Vorteile hatten, für eine Massenfertigung in den benötigten Stückzahlen nicht umsetzbar war. Dennoch war die C96 auch in den Reihen der Wehrmacht noch zu finden. So etwa bei Bandenkampfeinheiten im Rücken der deutschen Ostfront, aber auch bei den Kraftfahrern. Sie gilt als schwer und unhandlich, aber auch als extrem wirksam. Noch heute wird sie von Sammlern gesucht, und auch Schreckschussderivate und sogar Airsoft-Versionen des »Besenstiels« können auf dem Markt erworben werden.

An der Rückseite des Griffes dieser »roten Neun« lässt sich sehr schön die Aussparung für den Anschlagschaft erkennen.

Wie weit verbreitet die C96 war, lässt sich auch daran ablesen, dass sie auch bei verschiedenen Polizeien, wie in Köln oder Wiesbaden, zum Bestand zählte.

Wie viele der C96 nun genau gebaut worden sind, lässt sich wohl heute nicht mehr genau eruieren. Auf alle Fälle zählt sie aber zu den bekanntesten Waffen auf der Welt.

Technische Daten:	
Hersteller:	Mauser, Oberndorf
Produktionszeit:	1896 bis 1939
Ausführung:	Selbstladepistole
Kaliber:	7,63 mm
Länge:	299 mm
Lauflänge:	133 mm
Gewicht:	1,33 kg
Magazin:	je nach Ausführung 10 oder 20 Patronen
Mündungsgeschwindigkeit:	480 m/s (Kaliber 7,63 mm)
Effektive Reichweite:	50 m; 300 m mit Anschlagschaft

Mauser HSc

Mauser entwickelte die Mauser HSc im Jahr 1937, wohl als Antwort auf die von Walther produzierten Modelle PPK und PP. Im Jahr 1938 führte das Unternehmen die Waffe offiziell ein. Die Buchstaben hinter dem Hersteller bedeuten Folgendes: HS steht für Hahnspanner und das c für das dritte Versuchsmodell, das dann in Serie ging. Wie bei vielen Mustern handelt es sich hierbei um eine zivile Double-Action-Waffe, die dennoch ihren Weg in die Wehrmacht fand. Vor allem Soldaten der Kriegsmarine und der Luftwaffe verwendeten sie. Es gab auch noch eine Version mit der Buchstabenkombination Hsv, die für das Kaliber 9-mm-Para ausgelegt war. Sie war gedacht als deutsche Einheitsdienstpistole, wurde aber nicht übernommen. Auch eine Version im Kaliber .22 lfb ist bekannt.

Die Mauser HSc weist eine äußerst glatte Form auf, ohne Vorsprünge oder Kanten. Der Hahn befindet sich innerhalb des Rahmens. Lediglich ein kleines Stück von ihm schaut heraus, damit er mit dem Daumen gespannt werden kann. Das Sicherungssystem der Waffe drückt den Zündstift in eine Aussparung, so dass er nicht mehr in einer Linie mit dem Hahn liegt.

Das Auseinandernehmen erfolgt so, dass man zuerst das Magazin entfernt (dann obligatorisch kontrolliert, ob eine Patrone im Lager ist), anschließend den Hahn spannt und den Sicherungshebel auf »gesichert« stellt. Im nächsten Schritt wird der Stift vorn im Abzugsbügel nach unten gedrückt und der Schlitten nach hinten und oben aus der Führung genommen. Schließlich wird er vorne über den Lauf geschoben – da gibt es heute definitiv einfachere Waffen.

Dennoch war die HSc für sich genommen eine bemerkenswerte Waffe, die sich großer Beliebtheit erfreute, weil sie klein, kompakt und vor allem sehr zuverlässig war. Deshalb wurde sie auch bis 1945 weiterproduziert. Ab 1944 verwendete man Kunststoffgriffe statt Holz, das machte die Herstellung in Zeiten knapper Rohstoffe einfacher. Das führte bei den letzten Losen vor Kriegsende dazu, dass man auch stellenweise Blechprägeteile nutzte, anstatt der sonst üblichen Stahlteile.

Die Produktion endete im Jahr 1945 – aber im Jahr 1964 nahm man sie kurzzeitig wieder auf, bis dann Mitte der 1980er-Jahre die Lizenz an den italienischen Waffenhersteller Renato Gamba verkauft wurde.

Als Antwort auf die Modelle von Walther der 1930er-Jahre gedacht, konnte sich die Mauser HSc nicht durchsetzen, fand aber trotzdem breiten Zuspruch bei der Truppe.

Technische Daten:	
Hersteller:	Mauser, Oberndorf
Produktionszeit:	1937 bis 1945
Ausführung:	Selbstladepistole
Kaliber:	7,65 mm
Länge:	165 mm
Lauflänge:	86 mm
Gewicht:	596 g
Magazin:	8 Patronen
Mündungsgeschwindigkeit:	290 m/s
Effektive Reichweite:	40 m

Pistole 08

Sie war, ist und wird wohl für immer die bekannteste deutsche Pistole sein: die Pistole 08, »Nullacht«, Luger oder wie man sie auch immer nennen mag. Ihre Formgebung, das System und ihre Geschichte sind einfach unverwechselbar. Zahlreiche Hersteller bauten die Waffe, wobei der ursprüngliche Produzent die DMW (Deutsche Waffen- und Munitionsfabrik) war. Unzählige Varianten entstanden außerdem, wobei das Ursprungskaliber der Konstruktion 7,65 Millimeter war. Erst zu Beginn des 20. Jahrhunderts wurde in der Masse auf das Kaliber 9-mm-Parabellum gewechselt. Ihre Hauptfertigung endete im Jahr 1943, da sie durch die neue Walther P38 ersetzt werden sollte. Stellenweise wurden aber noch einige Stück bis Kriegsende weiterproduziert.
Die Pistole 08 entstand aus der Borchardt-Pistole heraus, was auch an der ähnlichen Formgebung ersichtlich ist. Anders als vermutet, ist die Bezeichnung »08« kein Indiz für das Entwicklungsjahr. Vielmehr entstanden die ersten Muster schon Ende des 19. Jahrhunderts. Im Jahr 1900 führte die Schweiz das Modell ein. Auch die Kaiserliche Armee zeigte Interesse an der Waffe, doch das Kaliber von 7,65 Millimetern war den Entscheidern zu gering. Die Deutsche Waffen- und Munitionsfabrik DWM nahm sich dieser Sache an und konstruierte eine 9-mm-Patrone, die aber auf der gleichen Hülse basierte. Das erforderte im Umkehrschluss lediglich ein Austauschen des Laufes. Magazin und Verschluss passten für beide Patronensorten.
Im Jahr 1902 entstanden die ersten Waffen in der neuen Konfiguration. Im Jahr 1904 führte die Kaiserliche Marine die Pistole ein, vier Jahre später folgte das Kaiserliche Heer – gerade durch die Einführung

Allgemein als Ari-Nullacht bezeichnet man die Ausführung der bekannten Luger-Pistole mit den langen Läufen.

Sondermodell von Cuno Melcher: Eine Schreckschussversion der Nulalcht nebst einem Krimschild und einem Kraftfahrbewährunsgabzeichen. Vor allem für die …

… Waffen des Zweiten Weltkrieges steht die Nullacht wie kaum eine andere. Hier wieder ein scharfes Modell aus einer privaten Sammlung.

Das Sammelfeld »Nullacht« kann man nur mit einem einzigen Wort beschreiben: riesig. Allein an Zubehör, wie hier Koffer, Magazine usw. gibt es neben den Waffen unzählige Stücke.

im Heer in eben diesem Jahr etablierte sich der Name »Nullacht«. Doch es blieb nicht allein bei dieser Version der Waffe. Man geht heute davon aus, dass um die 30 verschiedene Varianten der Luger-Pistole existieren. Einige Testmuster im Kaliber .45 gingen im Jahr 1906 an die US-amerikanische Armee – die sich dann aber später für die 1911er-Pistole entschied. Selbst die Briten fertigten diese Waffe, allerdings im Auftrag für die Niederlande.
Der ursprüngliche Name der Waffe war »Parabellum-Pistole, System Borchardt-Luger«. Dahinter steht der Ingenieur Georg Luger, zu seiner Zeit tätig bei der Firma Ludwig Löwe & Co. Es gehört aber zur Geschichte dieser Waffe, dass sie im Laufe der Jahre immer wieder Änderungen erfuhr. Selbst Unterschiede am gleichen Modell lassen sich nachweisen und eben nicht nur an den verschiedenen Varianten. So mögen sich viele Lugers gleichen, doch Unterschiede lassen sich allerorten aufweisen. Das Modell 1900 weist etwa anstelle einer Spiralfeder eine zusammengerollte Blattfeder als am Rahmen befestigte Verschlussfeder auf. Der Lauf des Modells 1902 ist im Vergleich zum Vorgänger dicker. Das Modell 1903 hatte einen längeren Lauf und war mit einem hölzernen Vorderschaft und einem Anschlagschaft ausgestattet.
Das Modell 1904 kam – nach ein paar Änderungen – bei der Kaiserlichen Marine zum Einsatz. Danach folgte das Modell 1906, das für den zivilen Markt in zwei Kalibern (7,65 mm und 9 mm) geschaffen wurde. Nachfolger war das Modell 1908, eben jene Variante, die es zu Weltruhm und zu Hunderttausenden produzierter Exemplare bringen sollte – davon gab es übrigens auch noch eine zivile Ausführung.
Die erste Version entstand wie erwähnt bei der DWM in Karlsruhe. Diese Modelle weisen eine Nut für die Aufnahme eines Anschlagschaftes auf und haben einen Sicherungshebel, der in der Sicher-Position

Nummerngleiche, erstklassig erhaltene »Nullachter«, wie dieses Stück, sind heute schwer zu finden und kommen nur noch selten auf den Markt. Vieles lagert in privaten Sammlungen.

Wer noch ein Päckchen Originalmunition hat – wie bei dieser P 08 – der kann sich glücklich schätzen über diesen kleinen Schatz.

auch »Gesichert« anzeigt. Ein weiterer Produzent war die Königliche Gewehrfabrik Erfurt, dort endete die Herstellung allerdings im Jahr 1917. Es würde jedoch an dieser Stelle zu weit führen, auf alle Produktionsstätten einzugehen, da sich die Pistole zu einem wahren Exportschlager entwickelte. Deswegen seien nur die wichtigsten Typen in aller Kürze erwähnt: Im Jahr 1908 kam ein neues Marinemodell heraus, das vor allem durch den langen Lauf auffiel – 140 statt 102 Millimeter. Um die Zugehörigkeit der Waffe zu zeigen, tragen diese Modelle alle ein »M« für Marine. Im Jahr 1917 kam noch das Artillerie-Modell zur Truppe – mit einem 192 Millimeter langen Lauf. Diese Variante kam wohl im Sommer 1917 an die Front, wo es auch den Alliierten in die Hände fiel.

Nach dem Ende des Ersten Weltkrieges war das Aus für die »Nullacht« noch nicht gekommen. Zwar gab es in Deutschland Probleme mit der Waffenherstellung aufgrund des Versailler Vertrages, doch allein die Lizenzen, die ans Ausland gingen, sicherten der Pistole ein langes Leben. So baute alsbald die Schweiz in den 1920er Jahren eigene Parabellums. Diese tra-

Für solche Sätze mit Zubehör muss der Käufer mitunter tiefer in die Tasche greifen als für eine echte Pistole – der Seltenheit wegen.

gen die Gravur »Waffenfabrik Bern«. Oder auch die Briten: Auf deren Waffen findet sich auf dem Kniegelenk die Gravur »Vickers Ltd.« Entsprechend lang ist auch die Liste der Staaten, in denen die »Nullacht« in Lizenz oder im Auftrag gefertigt wurde: Schweiz, Bulgarien, Portugal, Niederlande, Türkei, Abessinien, Persien (Iran), Venezuela, Rumänien, Schweden, Lettland.

Zudem gab es auch einiges an Extras für die Waffen, wie einen Schalldämpfer, Anschlagschäfte, entsprechende Holster oder auch Wechselsysteme. Oder einen Erma-Einstecklauf für das Kaliber .22 lfb, für das wiederum ein besonderer Verschluss nötig ist. Das alles macht und machte die »Nullacht« zu einem interessanten Feld für Sammler auf der ganzen Welt. Der Variantenreichtum ist für einen großen Teil der Faszination dieser Waffe verantwortlich, da kaum eine »Nullacht« der anderen gleicht. Sehr beliebt war diese Pistole vor allem als Beutewaffe oder als Souvenirstück, so dass sich bei Kriegsende Tausende dieser Waffen in alle Windrichtungen zerstreuten. Immer wieder tauchen besondere Exemplare an den merkwürdigsten Orten auf. So bekannt sie auch sein mag, so verfälscht wird doch der Ruf der »Nullacht«. Der Mechanismus der Waffe – allen voran der Kniegelenkverschluss – war äußerst störanfällig. Vor allem die Munition erwies und erweist sich bei der Luger als Problem. Die Pistole ist genau auf die Verwendung der Lugermunition abgestimmt, doch viele modernere 9-mm-Patronen sind stärker geladen, was zu Störungen, wenn nicht gar zur Zerstörung der Waffe führen kann. Abzug und Abzugsstange waren darüber hinaus äußerst empfindlich gegen Schmutz und Staub. Der Abzug ist überdies mit einem langen Vorweg ausgestattet mit entsprechend viel Spiel.

Alles in allem handelt es sich bei der »Nullacht« um eine aufwendige und komplizierte Konstruktion, die zwar zu ihrer Zeit ein Novum darstellte, aber folgerichtig in den 1930er Jahren von der moderneren und einfacher zu produzierenden Walther P38 ersetzt wurde.

Eigentlich sollte die Walther P 38 die Luger ersetzen, aber da man nicht die benötigten Stückzahlen schaffte, blieb die Nullacht weiter im Dienst bei der Wehrmacht. Wie diese beiden Modelle von Mauser.

Das Thema »Nummerngleicheit« spielt für den Wert einer Nullacht eine große Rolle. Ergo müssen alle Teile die gleichen Zahlen aufweisen, um den Wert zu steigern. Eine der Zahlen sieht man hier vor der Seitenplatte

Die »Nullacht« in all ihren Varianten ist so populär, dass sie auch als Airsoft (links im Bild) oder als Schreckschusswaffe (rechts) nachgebaut wird. Vor allem Reenactor und Sammler können …

…auf diese Weise zur Veranschaulichung damit arbeiten oder auch Sammler Dioramen bestücken, wie hier mit dem Helm eines Polizeibataillons, dem Ärmelstreifen vom Volkssturm und einigen Auszeichnungen aus einer privaten Sammlung.

Eine Ari-Nullacht aus den Produktionshallen von DWM, die bei der 2. Torpedo-Division zum Einsatz kam

Technische Daten:	
Hersteller:	u. a. Deutsche Waffen- und Munitionsfabrik
Produktionszeit:	1893 bis 1945
Ausführung:	Selbstladepistole
Kaliber:	9 mm
Länge:	222 mm
Lauflänge:	102 mm
Gewicht:	870 g
Magazin:	8 Schuss
Mündungsgeschwindigkeit:	320 m/s
Effektive Reichweite:	50 m

Sauer Modell 38 (H)

Hans Zehner von Sauer & Sohn zeichnet sich verantwortlich für die Konstruktion dieser Pistole. Sie gehört zur modernen Waffengeneration der 1930er Jahre, war sehr treffsicher, zuverlässig und entsprechend beliebt. Originär war sie für den Polizeidienst gedacht, doch nach Kriegsausbruch bekamen auch Flugzeug- und Panzerbesatzungen diese Rückstoßlader mit Masseverschluss ausgehändigt. Später gab man sie auch an Offiziere anderer Truppengattungen aus. Neben dem Standardkaliber gab es auch noch ein Modell im Kaliber 6,35 Millimeter. Diese Taschenpistole von Sauer verdankte ihre Treffsicherheit vor allem ihrem Gewicht, das sich stabilisierend auswirkte.

Der Sicherungshebel befindet sich hinten am Schlitten und lässt sich von Rechtsschützen bequem mit dem Daumen bedienen. Ist eine Patrone im Lager, tritt hinten am Schlitten ein Signalstift hervor. Ein interessantes Detail: Die Sauer M38 (H) verfügt über eine Magazinsicherung, d.h. dass sie nicht geschossen werden kann, wenn das Magazin sich nicht in der Waffe befindet. Hinter dem Abzug auf der linken Seite befindet sich noch ein Hebel, der es möglich macht, den gespannten Hammer vor Schlagbolzen und Patrone zu legen.

Die Sauer-Pistole eignet sich sowohl für Single- als auch Double-Action. Zum Zerlegen wird das Magazin entfernt, danach die Kontrolle der Kammer, woraufhin der Hammer mit dem Spannhebel ent-

Alle beisammen: Das Titelbild der Anleitung der Sauer 38 (H) zeigt Männer von SA, Wehrmacht, Polizei, RAD und Luftwaffe beim Schießen mit der Waffe.

spannt wird. Die Sperre links und rechts vor dem Abzug wird heruntergezogen, anschließend der Schlitten nach hinten gezogen und nach oben bewegt. Durch diesen Vorgang wird er aus dem Rahmen gelöst und lässt sich nach vorne abnehmen. Dabei verbleibt die Verschlussfeder zunächst an ihrem Platz um den Lauf herum.

Ein Kollege schrieb einmal zur Sauer M38 (H), dass sie wohl aufgrund ihrer Ausführung den Weltmarkt für Taschenpistolen erobert hätte – wenn der Krieg nicht dazwischen gekommen wäre. Schaut man sich die Konstruktion, die Qualität der Waffe und die technischen Lösungen an, kann man dem eigentlich nur beipflichten.

Das H bei der Sauer 38 steht für Hahn, andere Quellen bezeichnen es als Heer. Auf alle Fälle sank im Laufe der Produktionszeit die Qualität der Waffe langsam ab.

Technische Daten:	
Hersteller:	J.P. Sauer & Sohn, Suhl
Produktionszeit:	1938 bis 1945
Ausführung:	Selbstladepistole
Kaliber:	7,65 mm
Länge:	171 mm
Lauflänge:	83 mm
Gewicht:	720 g
Magazin:	8 Schuss
Mündungsgeschwindigkeit:	280 m/s
Effektive Reichweite:	40 m

Simson Mod. 1922 und 1927

Mit der Firma Simson dürften viele zuerst diverse Kraftfahrzeuge verbinden. Doch in Suhl entstand unter diesem Namen auch eine Reihe von Waffen. So kam 1922 die erste Taschenpistole des Unternehmens auf den Markt. Der Grund dahinter: Man wollte feststellen, ob sich so etwas verkaufen ließ. Und das war der Fall. Später entstand dann auch noch das Modell 1927. Beide unterscheiden sich nur dahingehend, dass das Modell 1927 über die ganze Länge flach gearbeitet ist, während beim Modell 1922 von der Mündung bis zum Abzugsbügel alles etwas runder ausfällt – heute würde man sagen, die Konstrukteure von Simson haben ihrer Pistole ein Facelift verpasst.

Ansonsten besteht ein weiteres Unterscheidungsmerkmal in den Einzelteilen der Waffenverschlüsse. Bei den beiden Simson-Modellen handelt es sich um einfache Rückstoßlader, die aber durch ihre Fertigungsqualität zu begeistern wussten. Vor allem das Griffstück stieß auf viel Gegenliebe, da es besser in der Hand lag als bei vielen anderen Taschenpistolen. Ein weiterer Vorteil: das Magazin wies Löcher auf. Auf diese Weise konnte der Schütze sehen, wie viele Patronen noch im Stahlblechmagazin waren. Bei den größeren Pistolen üblich, war dies bei den Westentaschenpistolen nicht der Standard, da das Bohren der Löcher einen zusätzlichen kostspieligen Arbeitsschritt darstellte.

Um die Waffen zu demontieren, muss der Abzug durchgezogen sein. Dann drückt der Schütze mit dem rechten Daumen (als Rechtshänder) den Schlitten nach vorne, nachdem er mit dem linken Daumen die entsprechende Sperre gelöst hat – schon bewegt sich der Schlitten nach vorne. Schlagbolzen und Feder können nun entnommen werden. Die Führung der Verschlussfeder lässt sich aus ihrem Lager nach hinten entfernen. Die Verschlussfeder muss vor der Entnahme gedreht werden. Mit ihren Abmessungen war sie, wie beschrieben, als typische Westentaschenpistole konzipiert und entworfen worden.

Vor allem dem Selbstschutz sollte sie zugute kommen. Nach 1939 nutzten die beiden Simson-Modelle vor allem höhere Stabsoffiziere als persönliche Waffe (aber inoffiziell), da sie sich auch zum verdeckten Tragen eignete.

Sinnbild für Simson: Die motorisierten Zweiräder. Doch auch auf dem Gebiet der Waffen lieferte das Unternehmen mit seinen Modellen 1922 und 1927 gute Arbeit ab.

Technische Daten:	
Hersteller:	Simson & Co, Suhl
Produktionszeit:	
Ausführung:	Selbstladepistole
Kaliber:	6,35 mm
Länge:	114 mm
Lauflänge:	56 mm
Gewicht:	370 g
Magazin:	6 Schuss
Mündungsgeschwindigkeit:	210 m/s
Effektive Reichweite:	25 m

Steyr M 12

Diese Selbstladepistole führten noch vor dem Ersten Weltkrieg verschiedene Staaten als Dienstwaffe ein, so z.B. im Jahr 1911 die österreichische Armee, gefolgt von der rumänischen Armee im Folgejahr. Auch andere Länder auf dem Balkan gehörten zu den Beziehern dieser Selbstladepistole. Auch nach Südamerika lieferte die Waffenfabrik diese Pistolen. In den privaten Handel ging die M12 dagegen nur in äußerst geringem Umfang, da diese Pistole eben ganz auf den militärischen Bedarf optimiert war.
In ihrer Ursprungsversion verfeuert sie eine spezielle 9-mm-Patrone und zwar die 9mmx23 Steyr, die länger als die 9-mm-Luger ist. Das Verriegelungssystem funktioniert mit Nocken auf dem Lauf, die wiederum in Bahnen auf dem Schlitten laufen. Alles beruht auf einer Drehung des Laufes zur Entriegelung – eben eine Drehlaufverriegelung. Das Magazin der Waffe lässt sich nicht entnehmen, sondern ist fest mit der Waffe verbaut. Von oben werden die Ladestreifen in die Pistole eingeführt. Nach dem Ladevorgang wird der Streifen entfernt. Der Schütze gibt mit der Sicherung dann den Schlitten frei.
Ein anderes Detail dieser Waffe: Das Magazin lässt sich entladen, ohne dass man schießen oder den Schlitten hin und her bewegen muss. Die M12 arbeitet mit einer Feder am oberen Ende des

Die Steyr Modell 1912 diente in zwei Weltkriegen. Ihre Produktion endete im Jahr 1930, doch sie blieb bis 1945 weiter im Gebrauch, trotz ihrer Schwächen.

Etwa 300.000 Stück der Steyr M12 entstanden im Laufe der Jahre. Nach dem Anschluss Österreichs rüstete man viele der Pistolen auf das Kaliber 9 mm Luger um.

Eine M12 aus einer privaten Sammlung mit gespanntem Hahn. Es handelt sich um eine robuste Waffe, deren größter Schwachpunkt wohl das umständliche Laden sein dürfte.

Blick auf das Auswurffenster der Steyr M12, welches aber gleichzeitig auch zum Aufmunitionieren der Waffe diente.

Blick von schräg über die Waffe. Eine Sonderversion verfügte über 16 Schuss. Daneben gab es noch andere Varianten dieser Pistole.

Magazins, die im entspannten Zustand alle Patronen auf einmal auswirft. Fest verbaut am Griffende war zudem eine Fangriemenöse.

Neben der 8-Schuss-Version gab es auch noch eine spezielle Variante mit einem 16-Schuss-Magazin, bei der das Magazin aus dem Patronenkasten herausragte.

Im Jahr 1930 stellte Steyr die Fertigung der M12 endgültig ein. Dennoch blieb sie in den Arsenalen verfügbar.

Nach dem Anschluss der Alpenrepublik an das Deutsche Reich 1938 baute man die meisten noch vorhandenen M12 auf das Kaliber 9-mm-Luger um. Um sie von den Originalen zu unterscheiden, bekamen die umgebauten Pistolen die Ziffern 08 eingraviert. In den Reihen der Wehrmacht lief sie unter der Bezeichnung »9 mm P 12 (ö)«.

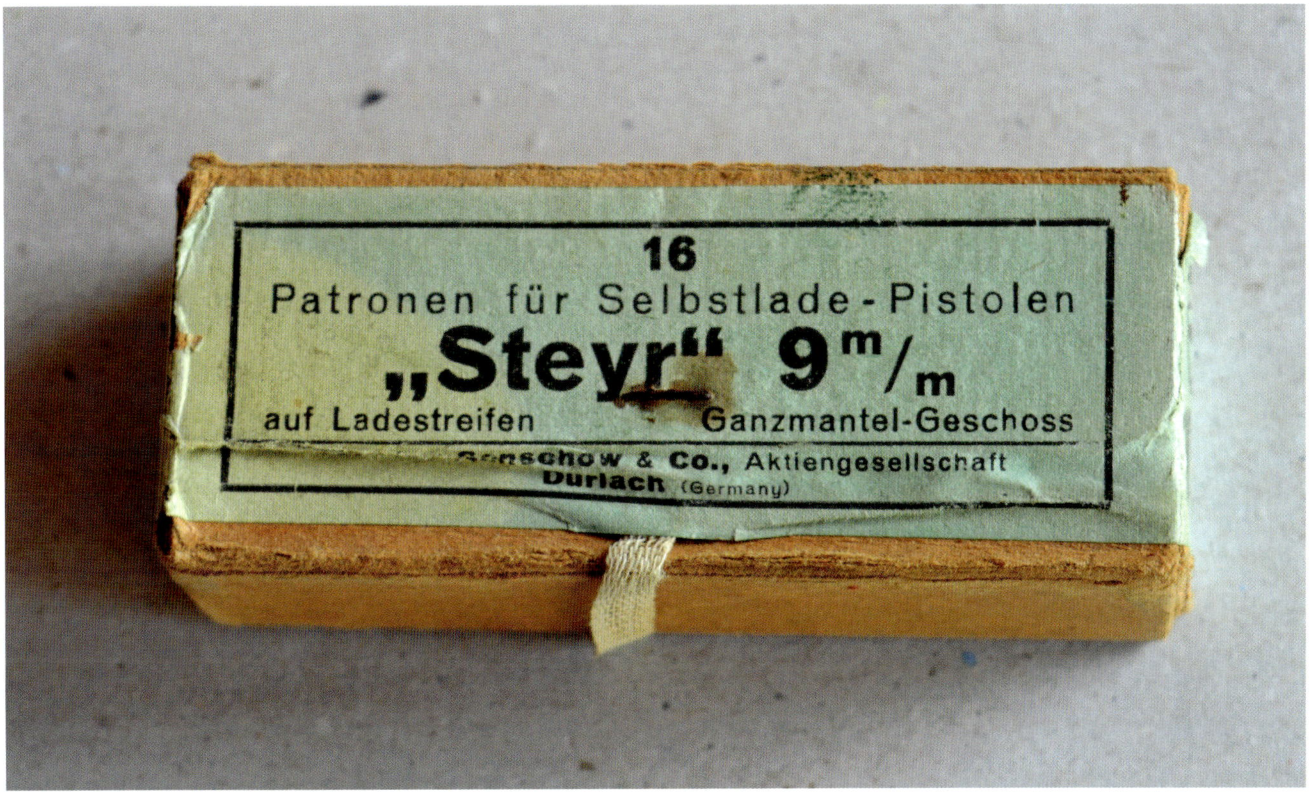

Die Steyr M12 verschoss eine spezielle Munition im Kaliber 9 Millimeter. Die Patronen waren länger als die für die 9-mm-Luger. Ein anderer Name für diese Munition ist 9-mm-Roth-Steyr.

Technische Daten:	
Hersteller:	Österreichische Waffenfabrik, Steyr
Produktionszeit:	xx
Ausführung:	Selbstladepistole
Kaliber:	9 mm
Länge:	216 mm
Lauflänge:	128 mm
Gewicht:	1,02 kg
Magazin:	8 Schuss
Mündungsgeschwindigkeit:	340 m/s
Effektive Reichweite:	50 m

Walther P38

Sie zählt zu den besten Militärpistolen des Zweiten Weltkrieges, wenn sie nicht sogar die beste war. Die Walther P38 entstand aus der Walther Heerespistole und sollte die 08 ersetzen. Doch aufgrund der geringen Kapazitäten konnte ein Austausch bis zum Kriegsende 1945 nicht bewerkstelligt werden. Über eine Million Stück entstanden bis zum Ende des Krieges in Europa, und auch andere Firmen fertigten diese Selbstladepistole oder nahmen daraus Anleihen für ihre eigenen Entwicklungen.
Im Jahre 1935 wurde diese Waffe bei Walther entwickelt, zwei Jahre später vorgestellt und wegen ihrer durchweg guten Leistungen und Qualität im Jahr 1938 als Ersatz für die »Nullacht« in der Wehrmacht eingeführt. Für eine Massenfertigung eignete sich die neue Waffe besser als der Vorgänger und auch was die Munition anging, war die P38 besser als die Luger.
Doch obwohl große Stückzahlen bis zum Kriegsende die Werke verließen, konnte die Nachfrage für das Millionenheer Wehrmacht nicht befriedigt werden. Die ersten für die deutsche Armee produzierten Waffen tragen alle das Walther-Emblem, die Modellbezeichnung P38 und eine Seriennummer, die mit einer Null beginnt. Als dann der Krieg ausbrach, bekamen die Waffen Codenummern, um die Herstellungszahlen zu verschleiern, so etwa 480. Im Jahr 1940 wich man von Zahlen ab und verwendete

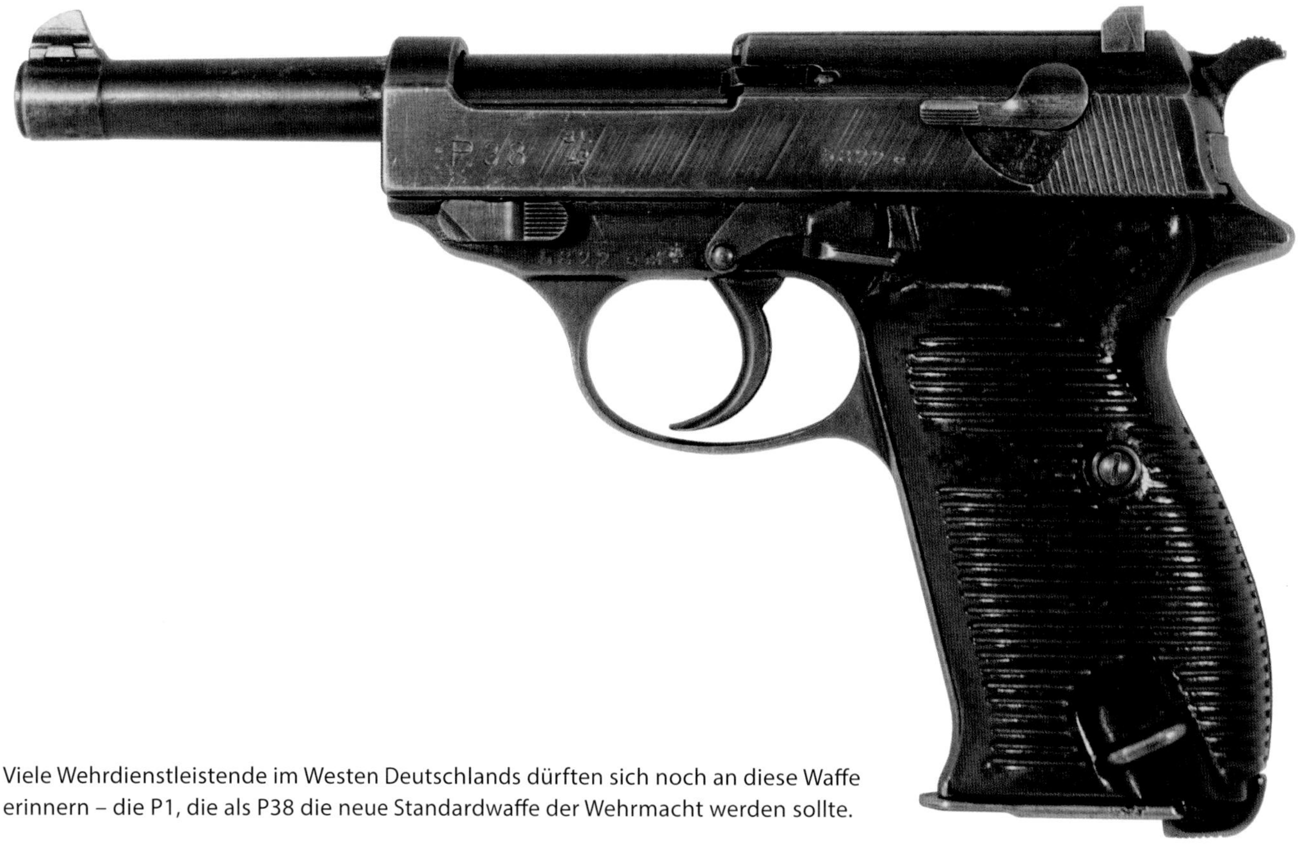

Viele Wehrdienstleistende im Westen Deutschlands dürften sich noch an diese Waffe erinnern – die P1, die als P38 die neue Standardwaffe der Wehrmacht werden sollte.

Nahaufnahme einer P38 aus einer privaten Sammlung. P 38 ist nicht gleich P1. Es gab viele unterschiedliche Modelle, Ausführungen und Varianten dieser Pistole.

Buchstabenkürzel und schlug noch die letzten beiden Zahlen des Herstellungsjahres ein. Um die Verschleierung noch zu steigern, ergänzte später ein Buchstabe die Zahlengruppe, wobei jeder Buchstabe für einen bestimmten Monat stand.

Zur Befriedigung der großen Nachfrage nahmen bald auch andere Firmen die Produktion der P38 auf. Diese schlugen dann ihre eigenen Kennzeichen in die Pistolen ein. Die Buchstaben »ac« stehen dabei für Walther. Anfang 1941 stieg auch Mauser in die Herstellung ein. Deren P38 erhielten die Buchstaben »byf« oder »svw«. Dennoch reichten die Kapazitäten immer noch nicht aus. Die Spree-Werke GmbH in Spandau kam als Hersteller auch noch dazu. Deren P38 haben die Buchstabenkombination »cyq«. Bis zum Kriegsende kamen viele weitere Kleinbetriebe hinzu, was eine genaue Identifikation einer P38 aus der Zeit vor 1945 eben so schwierig macht.

Hinzu kommt, dass es auch eine zivile Version gab, die stellenweise aber als Militärmodell angeboten wird. Dabei lassen sich diese leicht schon an ihrer Kennzeichnung unterscheiden. Zivile Versionen tragen den Adler mit einem N auf dem Verschluss, links am Schlitten und links am Rahmen. Die Militärwaffen dagegen weisen einen Abnahmestempel des Waffenamtes links am Lauf, rechts am Verschluss, links am Rahmen und rechts am Schlitten auf. Gerade für Sammler eine wichtige Information.

Konstruktiv handelt es sich bei der Walther P38 um eine Selbstladepistole mit Double-Action-Abzug, ähnlich der Walther PP und der Walther PPK, die auf drei Gruppen basiert: Lauf, Rahmen und Verschluss. Der Schlitten besteht aus dem Verschlussblock und trägt Schlagbolzen, Sicherung und Auswerfer in sich, wobei das vordere Drittel oben aufgeschnitten und offen liegt. Der Lauf liegt in der Nutenführung des Schlittens und liegt gegen den Verschlussblock an. Im Rahmen schließlich finden sich Magazin, Abzug, der außenliegende Hahn, Umsetz-Teile und die Verschlussfedern. Der

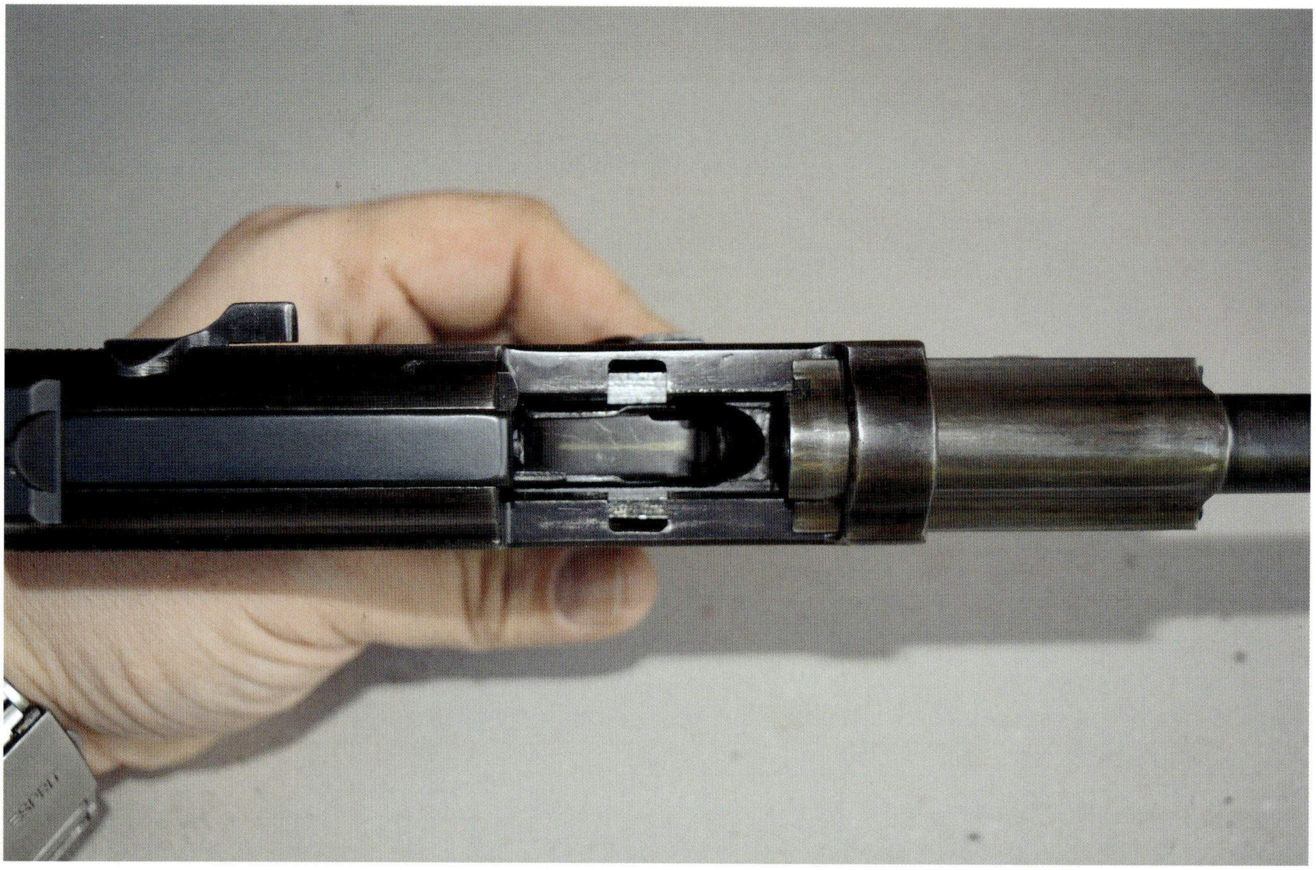

Blick von oben in die Waffe: Herzstück der ganzen Waffe ist ein Schwenkriegel. Die P38 gilt allgemein als wichtiger Schritt auf dem Weg zur modernen Selbstladepistole.

So kennt man die P38. Es gab aber noch eine ganze Reihe von Sondermodellen, wie etwa mit Schalldämpfern oder Sonderanfertigungen für Filme oder Serien.

Mehr als 1,2 Millionen Stück der P38 entstanden, dabei reich an verschiedenen Varianten, die diese Pistole zu einem interessanten Sammelfeld machen …

…sei es als P38, als P1 oder als P38 mit und ohne Punkt, in verschiedenen Kalibern, mit unterschiedlichen Griffschalen, von anderen Herstellern, oder, oder, oder …

Verschlussblock ist drehbar gelagert und trägt an der Unterseite eine Warze, die wiederum in den vorderen Teil des Rahmens stößt.
Versetzt der Schütze nun die P38 in Schussbereitschaft, wird der Verschlussblock durch Erhöhungen im Rahmen nach oben gedrückt. Die Verschlusswarzen rasten in der Folge im Schlitten ein und Letzterer wird fest mit dem Lauf verbunden. Wird der Schuss nun ausgelöst, wandern Lauf und Schlitten zurück. Die Pufferfeder stößt bei dieser Rückwärtsbewegung alsbald gegen eine Aussparung vor dem Magazin. Der Federdruck bewirkt, dass die Warze des Verschlussblocks nach unten gedrückt wird und sich der Verschluss öffnet. Durch die Bewegung des Schlittens werden die Verschlussfedern zusammengeschoben und der Hahn gespannt. Beim Ausdehnen der Federn nimmt der Verschlussblock die neue Patrone aus dem Magazin mit und führt sie ein. Lauf und Verschluss werden wieder fest miteinander verbunden und es kann von vorne losgehen.
Der Schlitten hat in dieser Hinsicht auch noch eine weitere Funktion. Er enthält einen Signalstift, der anzeigt, wenn die Waffe geladen ist. Außerdem am Schlitten vorhanden: die Sicherung, die den Schlagbolzen blockiert. Hinzu kommt noch eine automatische Sicherung, in Form eines Federstiftes, gegen den ein kleiner Hebel am Hahn drückt – eine Schussauslösung ist so nur bei voll gespanntem Hahn möglich, da ansonsten der Mechanismus blockiert ist.
Zum Zerlegen der Waffe wird zuerst das Magazin entnommen, dann der Schlitten zurückgezogen und mittels des Hebels über dem Abzug festgelegt. Im nächsten Schritt wird die Sperre links am Rahmen herunter und nach vorne gedrückt, dann wird die Hebelsperre entnommen. Anschließend Schlitten lösen und nach vorne gleiten lassen. Abzug betätigen, dabei geht die Federstiftsicherung in ihr Lager, und Lauf und Schlitten nach vorne abziehen. Die letztgenannten beiden Teile lassen sich voneinander trennen, indem man gegen die Pufferfeder drückt, so dass der Verschluss entriegelt und so sich beides einzeln entnehmen lässt. Das Auseinander- und vor allem das Wiederzusammensetzen sollten aber nur geübte Personen durchführen, da es leicht zu Beschädigungen etwa an den Federn kommen kann, wenn man einen Fehler macht oder unachtsam ist. Immer wieder gab und gibt es auch Gerüchte über andere Varianten der P38, etwa mit anderem Kaliber oder auch als Single-Action-Pistole. Dabei dürfte es sich aber – nach heutigem Kenntnisstand – um wenige Versuchsmuster handeln, die bei Kriegsende als Beute aus dem Land verschwanden und nun immer mal wieder an den verschiedensten Stellen der Welt auftauchen.
Fest steht dagegen, dass es sich bei der P38 um eine so gute Waffe handelte, dass sie auch nach 1945 wieder in die Produktion ging. Als P1 feierte sie ihre Wiedergeburt in der Bundeswehr – mit einer anderen Sicherung, einem leichteren Griffstück und einem anderen Schlagbolzen. Und auch mehr als 20 weitere Staaten setzen oder setzten auf diese Entwicklung aus den 1930er Jahren.

Blick in den Lauf der nicht geladenen Waffe. Man hatte mit der P38/P1 eine solide, robuste und in der Regel auch zuverlässige Pistole, die sich auch einfach handhaben ließ.

Technische Daten:	
Hersteller:	u.a. Carl Walther Waffenfabrik AG, Zella Mehlis
Produktionszeit:	1938 bis 1945 (danach als P1)
Ausführung:	Selbstladepistole
Kaliber:	9 mm
Länge:	215 mm
Lauflänge:	125 mm
Gewicht:	940 g
Magazin:	8 Schuss
Mündungsgeschwindigkeit:	340 m/s
Effektive Reichweite:	50 m

Walther PP und Walther PPK

Für ihre Zeit – eingeführt im Jahr 1929 – war die Walther PP eine der fortschrittlichsten Pistolen weltweit. Sie avancierte schnell zur meistgeführten Polizeipistole in ganz Europa und blieb dies auch bis zum Ausbruch des Zweiten Weltkrieges. Für die Schießausbildung entstand sogar eine eigene Version im Kaliber 5,56 Millimeter mit einem 10-Schuss-Magazin. Die beiden Buchstaben PP stehen dabei für »Polizeipistole«. Obwohl es der Name suggeriert, fand diese Waffe auch ihren Weg in die Armee, wo sie sich ebenfalls großer Beliebtheit erfreute. Und auch im Ausland, etwa in Frankreich oder der Türkei, war sie bald zu finden, wo man sie in Lizenz baute. Sie machte so viel von sich reden, da sie die erste Pistole war, die über ein zuverlässiges und vor allem funktionstüchtiges Double-Action-System verfügte. Weiter gehört als Neuerung zur PP der Signalstift, der seitwärts rechts durch den Schlitten gedrückt wird und der sich auch im Dunkeln ertasten lässt – bei der späteren Kriegsfertigung entfiel dieses Detail allerdings. Ein weiterer Vorteil: das einfache Zerlegen. Der Abzugsbügel wird vorne heruntergezogen und ein wenig zur Seite bewegt. Dann den Schlitten zurückziehen und hoch und nach vorne über den Lauf abziehen. Eine durchdachte und

Walther PP und Walther PPK – vor allem Letztere gelangte zu immensem Ruhm als Waffe des britischen Geheimagenten James Bond.

simple Konstruktion, die es außerdem auch noch in den Kalibern .22 lfb, 9 mm kurz, und 6,35 mm gab. Eng verwandt mit der Walther PP ist die Walther PPK. Bei ihr handelt es sich um eine kleinere Ausgabe der PP. Ein paar marginale Veränderungen gab es noch, so am Griffstück mit den Schalen. Sie kam 1931 auf den Markt. Sie ist eine Selbstladepistole, die sich vor allem durch ihre kompakten Abmessungen für das verdeckte Tragen eignet. Anders als viele vermuten, steht PPK eben nicht für Polizeipistole kurz, sondern für Polizeipistole Kriminal. Allerdings hat sich die erste Verwendung auch eingebürgert und wird vielfach als korrekt anerkannt. Da die PPK auch privat erhältlich war, fanden die Waffen zudem ihren Weg in die Reihen der Wehrmacht, wo sie vor allem von Offizieren benutzt wurden. Auch sie gab es in unterschiedlichen Kalibern: neben dem Standard von 7,65 Millimetern noch in .22 lfb, 6,35 mm und 9 mm kurz.

Besondere Berühmtheit erlangte diese kleine Waffe durch eine Romanfigur des Autos Ian Fleming. Gemeint ist der fiktive britische Geheimagent James Bond, der jahrelang diese Waffe als Dienstpistole trug und so manchen Bösewicht damit zur Strecke brachte.

Knapp 70 Jahre waren die Walther PP und die Walther PPK in der Produktion. Im Jahr 1999 ging diese Ära zu Ende.

Technische Daten:	**Walter PP**
Hersteller:	Waffenfabrik Carl Walther AG, Zella-Mehlis
Produktionszeit:	1929 bis 1999
Ausführung:	Selbstladepistole
Kaliber:	7,65 mm
Länge:	162 mm
Lauflänge:	85 mm
Gewicht:	708 g
Magazin:	8 Schuss (Kaliber 7,65 mm)
Mündungsgeschwindigkeit:	289 m/s
Effektive Reichweite:	40 m (Kaliber 7,65 mm)

Technische Daten:	**Walter PPK**
Hersteller:	Waffenfabrik Carl Walther AG, Zella-Mehlis
Produktionszeit:	1931 bis 1999
Ausführung:	Selbstladepistole
Kaliber:	7,65 mm
Länge:	148 mm
Lauflänge:	80 mm
Gewicht:	568 g
Magazin:	7 Schuss (Kaliber 7,65 mm)
Mündungsgeschwindigkeit:	280 m/s
Effektive Reichweite:	40 m (Kaliber 7,65 mm)

Japan

Nambu Typ 14

Die japanische Pistole Typ 14 war der Nachfolger des Modells 1904. Was dieses Modell angeht, streiten sich die Geister. Einige sehen in ihr eine gute Pistole, andere wiederum einen Reinfall. Auf alle Fälle kam nun im Jahr 1925 der Typ 14 auf den Markt und im Jahr 1927 führte die Kaiserliche Armee das Muster ein.

Die größten Änderungen bestanden vor allem darin, dass man diese Pistole nun einfacher und billiger produzieren konnte. Weiter war die manuelle Sicherung am Verschluss eine Neuerung, ebenso die Anbringung von Doppel-Rückstoßfedern innerhalb des Schlosses. Äußerlich erinnert sie entfernt an eine Luger, funktioniert aber nach dem Mauserprinzip mit einer Fallverschlusssperre. Diese sitzt unter dem Schloss. Nachdem sie einige Jahre in der Truppe Verwendung fand, kam ab 1939 auch noch eine Version mit einem extra großen Abzugsbügel heraus. Diese Versionen waren dazu gedacht, auch mit Handschuhen benutzt zu werden – vor allem in kalten Regionen sollten die Soldaten des Tenno mit dieser Waffe sicher umgehen können.

Doch alle Verbesserungen halfen nichts. Die Mängel und Ausfälle im Einsatz häuften sich. Die Befestigungsfeder für das Magazin war eine Schwachstelle, genauso wie die beiden Verschlussfedern. Vor allem bei feuchtem Wetter waren diese Punkte mit die Hauptursache für technische Probleme – bei einem Kriegsschauplatz wie dem Pazifik denkbar ungünstige Voraussetzungen.

Auch das Nachladen war schwierig, da der Federdruck einfach zu hoch war, so dass die Patronen schon mal aus der Hand gleiten konnten. Mitunter im Kampf mit tödlichen Folgen für den Nutzer. Überhaupt lässt sich sagen, dass man bei der Japanischen Armee kein gutes Händchen für Faustfeuerwaffen für die Masse hatte. Es gab gute Konstruktionen, die aber meist in zu geringen Stückzahlen vorhanden waren – vorwiegend bei den Offizieren –, um sie einem Millionenheer zugänglich zu machen. Zumal auch der Nationalstolz der Japaner zu groß war, um in anderen Ländern Waffen zu kaufen. Diese wollte man lieber selbst herstellen.

Die Nambu Typ 14 hat noch viele weitere Namen wie Nambu Taisho 14, Nambu-Pistole Modell 14 oder einfach Taisho 14. Es ist aber immer die gleiche Waffe gemeint.

Technische Daten:	
Hersteller:	Nambu Kijiro
Produktionszeit:	1906 bis 1945
Ausführung:	Selbstladepistole
Kaliber:	8 mm
Länge:	229
Lauflänge:	121 mm
Gewicht:	900 g
Magazin:	8 Schuss
Mündungsgeschwindigkeit:	335 m/s
Effektive Reichweite:	xx

Nambu Typ 94

Eigentlich im Jahr 1934 für den Zivilverkauf gedacht, fand die Pistole Typ 94 doch in den 1930er Jahren ihren Weg zu den japanischen Streitkräften. Als im Jahr 1937 der Krieg mit China offen ausbrach, ging damit auch eine Vergrößerung der Kaiserlichen Armee einher. So kam es eben, dass dieser Rückstoßlader auch in den Krieg zog. Der Hauptgrund dafür war, dass sich diese Pistole denkbar schlecht verkaufte und deshalb in großer Zahl vorhanden war. So übernahm die Armee die Bestände und gleichzeitig auch die Produktion der Waffe, was aber nicht zu einer Verbesserung führte.
Denn die Nambu Typ 94 gilt durch die Bank hindurch als schlechte Pistole, was nicht nur ihrem untypischen Aussehen geschuldet ist. Das halbstarre Verschlusssystem erwies sich als unwirksam (basierend auf einer Verschlussplatte, die während des Schusses nicht fest ist). Die Patrone konnte in der Kammer gezündet werden, bevor der Verschluss überhaupt geschlossen war und die Abzugsstange lief offen an der Flanke der Pistole entlang. Das führte im schlimmsten Fall dazu, dass sich schon ein Schuss lösen konnte, wenn man die Typ 94 unvorsichtig in die Hand nahm. In manchen Quellen liest sich, dass dies mit Absicht geschehen sei, um einen »Überraschungsschuss« abgeben zu können oder aber, um Soldaten einen schnellen Selbstmord zu ermöglichen. Klingt alles aber wenig schlüssig angesichts der Gefahren.
Ein weiterer Nachteil: Der Zubringer hält den Verschluss nach dem letzten Schuss offen anstatt eines Verschlussfanghebels. So muss anschließend das Magazin gegen den Widerstand des Verschlusses entnommen werden, um es wieder aufzumunitionieren. Dann muss der Schlitten wieder nach hinten gezogen werden, um wieder eine Patrone aus dem Magazin zuzuführen.

Ihr haftet der Ruf an, die schlechteste Militärpistole der Welt zu sein: die Nambu Typ 94. Und Schwachstellen waren nicht von der Hand zu weisen.

Die Nambu Typ 94 war trotz ihrer Schwächen weit besser als ihr schlechter Ruf. Und als Sammelobjekt taugt sie auf alle Fälle, allein schon wegen ihrer Konstruktion.

Hinzu kam, dass im Laufe der Jahre die Fertigungsqualität immer weiter sank. Die Materialqualität ließ aufgrund des zunehmenden Rohstoffmangels im Verlaufe des Krieges nach. Die späten Modelle zeigten auch deutliche Fertigungsspuren.

Insgesamt entstanden etwa 70.000 dieser Pistolen, die für sich genommen interessant, doch truppentechnisch eine Katastrophe waren.

Technische Daten:	
Hersteller:	Nambu, Arsenal Nagoya
Produktionszeit:	1934 bis 1945
Ausführung:	Selbstladepistole
Kaliber:	8 mm
Länge:	183 mm
Lauflänge:	96 mm
Gewicht:	765 g
Magazin:	6 Schuss
Mündungsgeschwindigkeit:	305 m/s
Effektive Reichweite:	xx

Hamada Typ 1 und Typ 2

Als der Zweite Weltkrieg in Europa schon tobte und Ende 1941 die Japaner die USA angriffen, entstand eben in diesem Jahr auch die Pistole Typ 1 (auch Hamada-Pistole genannt). Die Firma Hamada Seisakusho entwickelte diese Waffe, die eine Nachbildung des Browning Rückstoßladers mit Masseverriegelung darstellte. Diese wiederum entstand in Belgien bei der Fabrique Nationale (also das Modell 1910). Immer wieder gab es Veränderungen, doch aufgrund der prekären Rohstoff-Situation blieb die Serie auf 4500 bis 5000 Stück beschränkt.

Im Krieg gingen viele Unterlagen leider verloren und nur wenige Exemplare existieren heute überhaupt noch. Auf alle Fälle sollte die Typ 1 die Nambu-Modelle ersetzen, die in der Armee wegen ihrer Unzuverlässigkeit keinen guten Ruf genossen. Dazu kam es jedoch nicht mehr. Vor allem Offiziere in China und einige auf den Schauplätzen des Pazifikkrieges nutzten sie. Aber es sollte sogar noch ein anderer Typ bei Hamada entstehen.

Die Hamada Typ 1 sollte die Modelle von Nambu ersetzen, die sich als unzuverlässig erwiesen. Es blieben nur wenige Stücke erhalten.

Technische Daten:	
Hersteller:	Hamada
Produktionszeit:	1941 bis 1944
Ausführung:	Selbstladepistole
Kaliber:	7,65 mm
Länge:	150 mm
Lauflänge:	75 mm
Gewicht:	650 g
Magazin:	9 Schuss
Mündungsgeschwindigkeit:	300 m/s
Effektive Reichweite:	xx

Als Typ 2 oder auch Hamada Yato (benannt nach dem Heeresoffizier Major Yato) entstand während des Krieges eine weitere Pistole, aber anders als der Typ 1 im Kaliber 8 Millimeter. Auch war der Aufbau dieser Waffe um einiges simpler gehalten. Dabei handelte es sich um einen starr verriegelten Rückstoßlader. Im Herbst 1943 begann die Produktion. Da auch hier die Unterlagen dem Krieg zum Opfer fielen, weichen die Quellenangaben bezüglich der hergestellten Waffen voneinander ab. So reichen die angegebenen Stückzahlen von etwa 1500 bis zu 5000. Dass die kleinere Zahl wohl eher der tatsächlichen Produktion entspricht, darauf deuten aufgefundene Pistolen hin, die niedrige Seriennummern aufweisen. Das sind aber nur Indizien.

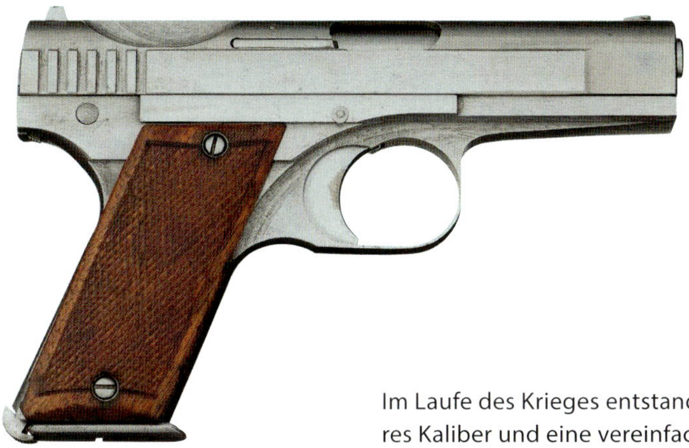

Im Laufe des Krieges entstand die Hamada Typ 2 Pistole, die ein anderes Kaliber und eine vereinfachte Fertigung aufwies. Wie viele …

… dieser Waffen bis zum Kriegsende produziert wurden oder wann die Produktion genau auslief, dazu gibt es keine gesicherten Daten.

Technische Daten:	
Hersteller:	Hamada
Produktionszeit:	1943 bis ?
Ausführung:	Selbstladepistole
Kaliber:	8 mm
Länge:	165 mm
Lauflänge:	90 mm
Gewicht:	700 g
Magazin:	6 Schuss
Mündungsgeschwindigkeit:	xx
Effektive Reichweite:	xx

Meiji Typ 26

Der japanische Revolver Typ 26 dürfte auch unter dem Namen Meiji-Revolver bekannt sein. Anders als viele andere Vertreter aus der Revolverkategorie weist diese Waffe das klassische Pistolenkaliber 9 Millimeter auf. Er war die erste japanische Eigenkonstruktion auf diesem Gebiet und folgte der Vorgehensweise, ausländische Dinge zu kopieren und nach japanischem Muster zu adaptieren. So war der Meiji-Revolver auch mehr eine Zusammenfassung von technischen Details anderer Waffen. Lauf- und Trommelhalterung übernahm man von Smith & Wesson, die Zerlegeweise von Nagant und den Double-Action-Mechanismus von Schmidt-Galand. Doch blieben die Stückzahlen zunächst gering, so dass die japanischen Streitkräfte zum Ende des 19. Jahrhunderts auch noch Muster von Smith & Wesson und Webley bezogen. Von 1893 bis zum Jahr 1925 war der Meiji-Revolver die Dienstwaffe der Unteroffiziere in der Kaiserlichen Armee.

Doch auch im Zweiten Weltkrieg trugen viele Soldaten diesen Sechsschüsser immer noch bei sich. Die Produktion blieb sogar teilweise bis Ende 1945 bestehen – aus Mangel an Alternativen. Die letzten Exemplare wiesen aber eine denkbar schlechte Qualität auf, wohl dem Umstand geschuldet, dass man sie aus alten Teilen zusammensetzte. Bis 1945 an den Fronten zu finden, lief die Produktion aber schon im Jahre 1935 aus, als der Typ 14 eingeführt wurde. Obwohl die Waffe an sich viele Vorbilder hatte, reichte sie qualitativ doch nicht an diese heran. Mitunter war sogar der verwendete Stahl zu weich, um den Belastungen eines Schusses auf Dauer standzuhalten.

Konstruktiv arbeitete der Revolver mit einem Kipplauf und die leeren Hülsen beförderte ein automatischer Ausstoßer aus der Trommel. An der Fangriemenöse ließ sich eine Kordel befestigen, die der Soldat um den Hals trug, um die Waffe nicht zu verlieren.

Für den Truppenalltag war der Meiji wegen seiner Störanfälligkeit und auch wegen der mangelnden Treffsicherheit (geschuldet dem Double-Action-System) nur bedingt geeignet. Insgesamt entstanden von dieser Waffe etwas mehr als 59.000 Stück. Viele überstanden den Krieg nicht. Heute sind sie gesuchte Sammlerstücke.

Der Typ 26 Revolver war sehr langlebig. Im Jahr 1893 eingeführt, war er bis zum Ende des Zweiten Weltkrieges im Einsatz – auch wegen fehlender Alternativen.

Technische Daten:	
Hersteller:	Koishikawa Hoheikosho, Tokio
Produktionszeit:	1893 bis 1935 (teilweise bis 1945)
Ausführung:	Revolver
Kaliber:	9 mm
Länge:	235 mm
Lauflänge:	120 mm
Gewicht:	910 g
Magazin:	6 Schuss
Mündungsgeschwindigkeit:	246 m/s
Effektive Reichweite:	xx

Italien

Beretta Modell 1934

Mehr als eine Million Exemplare – so viele Beretta-Pistolen des Modells 1934 (einschließlich der Sondervarianten) verließen die Fabrikhallen im italienischen Gardone, bis die Fertigung zu Beginn der 1990er Jahre auslief. Im Jahr 1934 avancierte sie zur Standardpistole der italienischen Armee und ersetzte damit ältere Modelle. Sie bildete quasi den Endpunkt einer Entwicklung, die mitten im Ersten Weltkrieg begonnen hatte. Anfangs verfügte man über verschiedene Konstruktionen, die für das Kaliber 7,65 Millimeter ausgelegt waren. Doch am Ende sollte es auf das Kaliber 9-mm-kurz hinauslaufen.

Diese Selbstladepistole weist einige Besonderheiten auf, wie die Fingerstütze am Magazin, die auf eine Waffe von 1919 zurückzuführen ist. Die Beretta verfügt über einen außenliegenden Hahn ohne Spannabzug. Ein anderes Merkmal: Der Verschluss bleibt nach dem letzten Schuss offen, entfernt der Schütze jedoch das Magazin, schnellt der Schlitten wieder nach vorne. Soll weitergeschossen werden, muss man nochmals durchladen.

Die nächste zu nennende Auffälligkeit der »kleinen Italienerin« ist der Hahn, der durch seine runde Form schon etwas Besonderes darstellt. Der geübte Schütze konnte die gespannte Waffe sogar entspannen und mit sich herumtragen, wenn der Hahn in seiner Sicherungsrast arretierte. Der Schütze durfte nur nicht vom Hahn abrutschen. Auch wenn italienische Waffen im Zweiten Weltkrieg keinen guten Ruf genossen (wie die Panzer oder das Carcano-Gewehr, letzteres übrigens zu Unrecht), so traf dies doch nicht für das Modell 1934 von Beretta zu. Schon damals galt in Gardone ein hoher Anspruch an die eigenen Modelle, was man der Pistole im Hinblick auf Fertigung und Wertigkeit ansieht.

Fast der gesamte produzierte Bestand ging an das italienische Heer, aber auch an die italienische Marine oder die Luftwaffe gingen einige Lose; hier dann vor allem in der Modellvariante 1935, die das Kaliber 7,65 Millimeter aufwies, ansonsten aber mit der 1934er Version identisch war. Auch an andere Länder wurde die Selbstladepistole geliefert, wie etwa Rumänien. In den Reihen der Wehrmacht – nach dem Abfall des Bündnispartners und der Entwaffnung der italienischen Armee – fand sie Eingang unter der Bezeichnung »Pistole P671 (i)«.

Späten Ruhm erlangte die Waffe auch im James-Bond-Film »James Bond jagt Dr. No«; dort wird sie durch die Walther PPK ersetzt – auch wenn das Modell nicht explizit genannt wird, sondern nur der Hersteller, aber die Form ist unverkennbar.

Vom Modell 1934 liefen mehr als eine Million Stück von den Bändern bei Beretta. Die Produktion endete erst im Jahr 1991.

Technische Daten:	
Hersteller:	Beretta, Gardone Val Trompia
Produktionszeit:	1934 bis 1991
Ausführung:	Selbstladepistole
Kaliber:	9-mm-kurz
Länge:	152 mm
Lauflänge:	90 mm
Gewicht:	568 g
Magazin:	7 Schuss
Mündungsgeschwindigkeit:	290 m/s
Effektive Reichweite:	15 m

Polen

Radom wz. 35

Die sogenannte Radom-Pistole ist heute ein gesuchtes Stück bei Sammlern. Sie vereinigte verschiedene Einflüsse zu einer guten Waffe.

Bei Sammlern heiß begehrt: die sogenannte Radom-Pistole oder im Original: Pistolet Vis wz. 35. Dahinter verbirgt sich eine polnische Selbstladepistole im Kaliber 9-mm-Parabellum. Der polnischen Armee stand nach dem Ersten Weltkrieg nur wenig gutes Material zu Verfügung, um ihre Soldaten auszurüsten. Das wiedererstandene Land, schon vor dem Zweiten Weltkrieg immer wieder Spielball der größeren Mächte, wollte sich unabhängig machen und begann eine eigene Faustfeuerwaffe zu suchen.
Die Wahl fiel schließlich auf die Pistolet Vis wz. 35 oder kurz Radom. Die Konstrukteure vereinigten in dieser Pistole die Eigenschaften der Colt M1911 A1 und der Browning High-Power, von denen verschiedene Details an die Vorbilder erinnern. Abzug und Griffsicherung lassen die Nähe zu Colt erahnen, die Verriegelung mit Nockensystem erinnert an Browning. Schlittensicherung und Lage der Rückstoßfeder stammen dagegen aus polnischer Entwicklung. Was auf der linken Seite wie der Sicherungshebel wirkt, dient als Schlittenverriegelung, welche beim Laden der Radom zum Einsatz kommt. Mit einem Gewicht von knapp über einem Kilogramm und der »schwachen« Patrone liegt die Radom gut im Schuss, wie man immer wieder hört. Sie galt als eine der besten Standardfaustfeuerwaffen in der Zeit des Zweiten Weltkrieges.

Zwei beieinander: Oben die polnische Radom VIS-Wz 35 in 9 mm Para und unten eine italienische Beretta Modell 1934 im Kaliber 9 mm Browning.

Die Wehrmacht übernahm nach ihrem Einmarsch zunächst die Produktionswerke. Da man die Waffe als brauchbar ansah, wurde sie zunächst weiter gefertigt. Um den hohen Bedarf an Pistolen zu decken, wurden Veränderungen an den Pistolen vorgenommen, die die Produktion vereinfachten. So entfiel etwa bei den »deutschen« Modellen die Griffsicherung und die neuen Versionen waren gröber gearbeitet. In den deutschen Beständen fand sie sich unter zwei Bezeichnungen, nämlich als »9 mm P35 (p)« und als »9 mm P645 (p)«. Die Masse der Produktion ging an Heer, Luftwaffe und Waffen-SS.
Insgesamt entstanden von den deutschen Radoms etwa 300.000, von den Originalen etwa 50.000. Ein großer Teil lief in Polen von den Bändern, aber auch im angeschlossenen Österreich, bei Steyr Daimler Puch, wurden Radom-Pistolen gefertigt.
Die vorrückende Rote Armee zerstörte das Werk in Radom und nach Kriegsende übernahm die polnische Armee das Modell TT-33 als Standardwaffe. Nach 1945 gab es noch eine Sonderfertigung in Kleinststückzahlen.

Die Radom-Pistole gilt als eine der besten während des Zweiten Weltkrieges. Die Wehrmacht fertigte sie weiter und führte sie in den eigenen Reihen ein.

Technische Daten:	
Hersteller:	Fabryka Broni, Radom
Produktionszeit:	1935 bis 1944
Ausführung:	Selbstladepistole
Kaliber:	9-mm-Parabellum
Länge:	200 mm
Lauflänge:	120 mm
Gewicht:	1022 g
Magazin:	8 Schuss
Mündungsgeschwindigkeit:	350 m/s
Effektive Reichweite:	50 m

Russland

Nagant M 1895

Zu den langlebigsten und gleichzeitig auch bekanntesten Revolvern des Zweiten Weltkrieges dürfte ohne Frage der russische/sowjetische Nagant-Revolver gehören. Dabei geht das Modell 1895 eigentlich auf Belgien zurück, genauer gesagt auf den Waffenbauer Henri-Léon Nagant. Dem russischen Zaren für seine Armee angeboten, übernahmen dessen Truppen die Waffe offiziell 1895 in ihren Dienst.

Die ersten Chargen kamen auch noch aus Belgien, bis die Russen anfingen, den 7-schüssigen Revolver selbst zu bauen. 50 Jahre lang war der Nagant-Revolver bei den Truppen des Zaren und der Roten Armee zu finden. Erst zum Ende des Zweiten Weltkrieges musste er aus den Reihen der Sowjets weichen und moderneren Selbstladepistolen Platz machen.

Dabei weisen die Waffen ein paar bemerkenswerte Details auf. Das Auffälligste dürfte ohne Zweifel die »Abdichtbewegung« der Trommel sein. Spannt der Schütze den Hahn, drückt ein Nocken die Trommel nach vorne. Das konische Verschlussstückende des Laufes wird an die Trommel gepresst. Wird der Schuss nun ausgelöst, dehnt sich die Hülse und

Im Jahr 1895 führte die russische Armee den Nagant-Revolver offiziell in ihren Reihen ein.

Dieses Modell aus einem privaten Bestand zeigt auf der linken Flanke den Stern und das Fertigungsjahr 1942 – es stammt also aus der Zeit des »großen vaterländischen Krieges«.

dichtet nach hinten ab. Dadurch entsteht eine gasdichte Abdeckung zwischen Trommel und Lauf. Bei normalen Revolvern gibt es das nicht. Man spricht hier vom Trommelspalt.
Bei der Nagant-Version versprach man sich eine Erhöhung des Gasdrucks, der das Geschoss durch den Lauf treibt. Und tatsächlich wies der Revolver in diesem Parameter eine gesteigerte Leistung auf, jedoch in einem so winzigen Bereich, dass kein Konstrukteur auf die Idee kam, dieses Prinzip noch einmal umzusetzen.
Eine weitere Besonderheit: Das Laden und Auswerfen der Hülsen erfolgt über eine Ladeklappe an der rechten Seite. Eine ausschwenkbare Trommel hatte der Revolver nicht. Das erschwerte die Handhabung der Waffe, die zudem auch noch eine spezielle

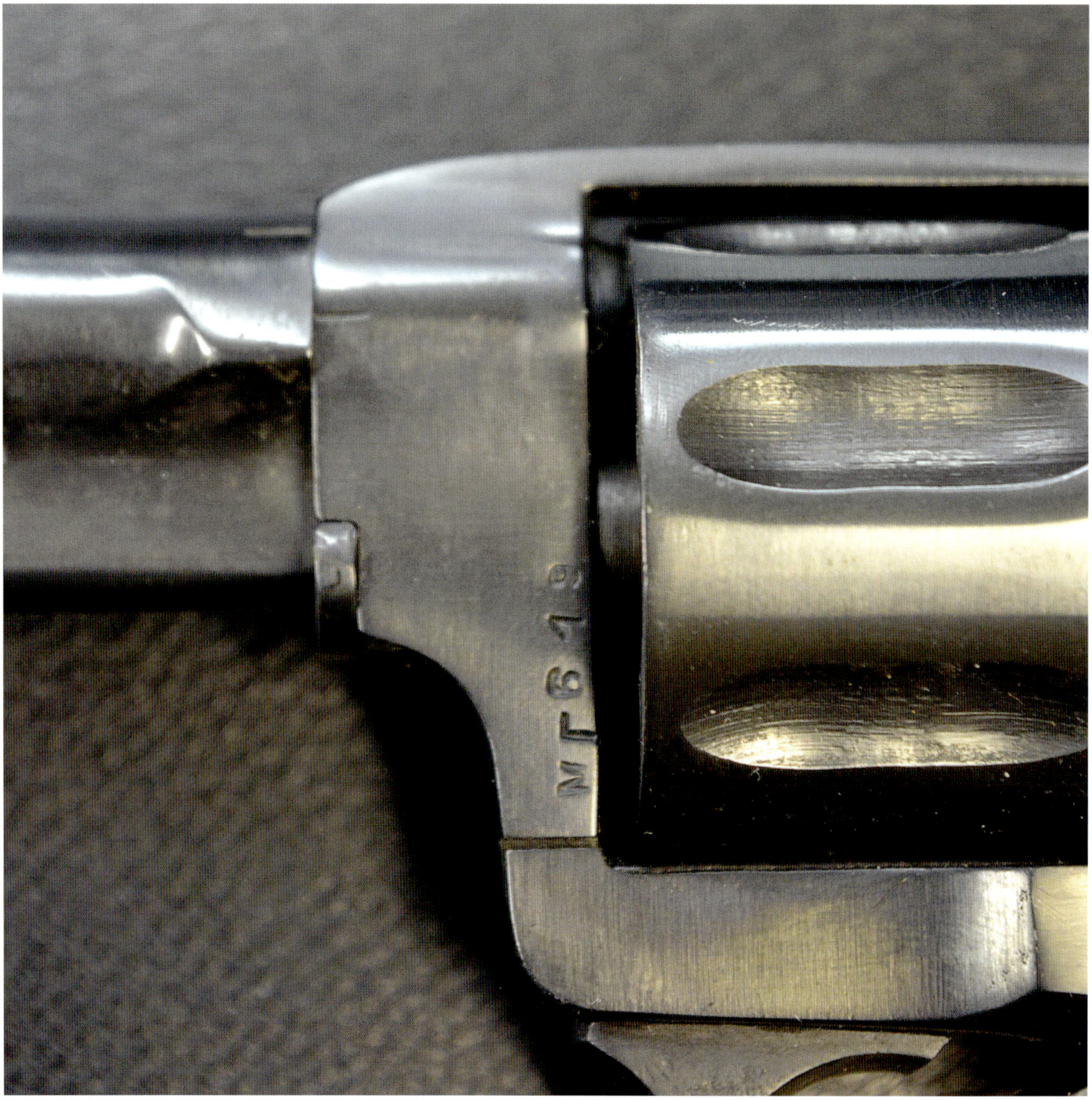

Gut zu erkennen: Beim Nagant 1895 handelt es um einen „gasdichten" Revolver. Davon versprach man sich eine bessere Leistung, was auch der Fall war – jedoch nur in einem minimalen Bereich.

Wird der Hahn des nagant-revolvers gespannt, führt die Trommel eine Abdichtbewegung nach vorne aus. Mittels Nocken wird dies ausgeführt. Einen Trommelspalt wie bei anderen Revolvern gibt es nicht.

Am Ende des Zweiten Weltkrieges musste der Nagant-Revolver moderneren Pistolen weichen. Ihr System hatte sich gegenüber den »Trommlern« durchgesetzt.

Munition benötigte, bei der das Geschoss vollständig in der Hülse sitzt, um das beschriebene Prinzip der »Abdichtbewegung« auszuführen.
Vom Nagant-Revolver gab es zwei Ausführungen: Die Double-Action-Version bekamen Offiziere, die Single-Action-Modelle die anderen Dienstgrade. Auch andere Nationen nutzten den Revolver, wie etwa die Griechen.
Bei der Wehrmacht fand sich der Nagant als »7,62 mm R612 (r)« in den Beständen. Die Buchstaben in Klammern zeigten jeweils das Herkunftsland der Pistole an (also beispielsweise (r) für russisch, (p) für polnisch oder (g) für griechisch).

Und noch einer der Nagants, diesmal aus dem Jahr 1938. Aber schon zu dieser Zeit wollte man bei der Roten Armee lieber Selbstladepistolen haben. Deren Verbreitung bei der Truppe dauerte jedoch.

Grob und dennoch zuverlässig, so das Urteil zu vielen Waffen. Fischhaut am Griff, wie an diesem Nagant-Revolver gehört schon zu den Schmuckelementen.

Technische Daten:	
Hersteller:	u.a russisches Arsenal Tula
Produktionszeit:	1895 bis 1945
Ausführung:	Revolver
Kaliber:	7,62 mm
Länge:	235 mm
Lauflänge:	114 mm
Gewicht:	795 g
Magazin:	7-Schuss-Trommel
Mündungsgeschwindigkeit:	272 m/s
Effektive Reichweite:	40 m

Tula Tokarew 1933

Tula-Tokarew – so die Bezeichnung für eine Pistole, die in ihrem Namen schon den Hersteller und auch ihren Konstruktionsort trägt. Dabei gab es eine frühe und eine spätere Version, die sich in der jeweiligen Bezeichnung voneinander unterschieden.
Die Tula Tokarew 1930 oder TT-30 war der Vorgänger der weltbekannten TT-33, von der es aber nur einige Tausend Stück gegeben haben soll. Das Prinzip dieser Pistole geht dabei auf eine amerikanische Konstruktion zurück, genauer gesagt auf eine von Browning konstruierte Colt-Automatik im Kaliber .45 – der legendären Government 1911.
Fedor Tokarew nahm an dem Ursprungsmodell einige Änderungen vor, z.B. am Hahn, dem Schloss oder auch an der Patronenzuführung. Hahn und Schloss ließen sich nun zusammen als eine Baugruppe ausbauen, wobei bei letzterem auch die Munitionszuführung (zwei Greifer statt gebogene

Ränder) zu finden war. Am Ende stand eine Waffe, die sich günstig in Massen produzieren ließ und die auch ungeübten Schützen eine sichere Handhabung gestattete. Ein Nebeneffekt der Änderungen durch Tokarew war zudem, dass die TT-33 auch im Kampfeinsatz ein hohes Maß an Zuverlässigkeit und Standhaftigkeit mitbrachte. Auf alle unnötig erscheinenden Details verzichtete man. So fehlt bei der TT-33 auch eine Sicherung – wenn man von der Sicherungsrast am Hahn absieht. Obwohl im gleichen Kaliber wie der Nagant-Revolver gefertigt, lässt sich dessen Munition nicht aus der Pistole verschießen. Wohl aber die deutsche Patrone im Kaliber 7,63 Millimeter, wobei aber auch hier Störungen auftreten können.
Die Wehrmacht erbeutete auf ihrem Vormarsch eine ganze Reihe dieser Waffen, sowohl in der Ausführung 1930 als auch 1933. Sie fanden beide unter der Bezeichnung »7,62 mm P615 (r)« den Weg zu den deutschen Truppen. Über die genauen Stückzahlen des Rückstoßladers mit Riegelverschluss liegen keine zuverlässigen Angaben vor.
Im letzten Kriegsjahr des Zweiten Weltkrieges hatte die TT-33 den bisherigen Nagant-Revolver nahezu komplett als Standardwaffe abgelöst. Nachdem sich in Osteuropa die Sowjets als die dominierende Macht etablierten, liefen die TT-33 in tausendfacher Stückzahl von den Bändern. Andere Länder kopierten das Modell zudem, das in seiner Grundform aber erhalten blieb. China fertigte etwa eine Typ 51-Pistole, die Jugoslawen bauten eine M65 und Nordkorea eine M68. Diese basierten alle auf der TT-33. Die Polen produzierten die TT-33 in Massen für die eigenen Soldaten und für den Export. Ungarn baute sogar eine Version im Kaliber 9-mm-Parabellum, die es als Tikagpyt sogar bis nach Ägypten schaffte. Weiter gab es noch andere Versionen, z.B. zwei kleinkalibrige Ausführungen, als Trainings- und als Matchwaffe.

Die Einfachheit überwiegt bei der TT-33 von Tokarew. Selbst eine Sicherung (bis auf die Sicherungsrast) fehlt komplett. Die Wehrmacht erbeutete eine Reihe dieser Pistolen und führte sie in ihren Reihen ein.

Bild links: Pate stand die Colt 1911 bei der TT-33, bei der der Konstrukteur aber auf vieles verzichtete. Auch andere Länder adaptierten das Modell für ihre Truppen.

Technische Daten:	
Hersteller:	u.a. sowjetische Staatsarsenal in Tula
Produktionszeit:	1933 bis 1952
Ausführung:	Selbstladepistole
Kaliber:	7,62 mm
Länge:	195 mm
Lauflänge:	117 mm
Gewicht:	854 g
Magazin:	8 Schuss
Mündungsgeschwindigkeit:	420 m/s
Effektive Reichweite:	50 mm

USA

Colt Government M1911A

Über Jahrzehnte hinweg war sie der Inbegriff der amerikanischen Standardfaustfeuerwaffe der US-Army. Im Jahr 1911 führten die Vereinigten Staaten den Colt Government M1911 für ihre Armee ein, und dies blieb sie bis in die 1990er Jahre, bevor sie von der italienischen Beretta 92FS abgelöst wurde. Schon im Ersten Weltkrieg war diese Waffe bei den Truppen zu finden, die nach und nach den Revolver verdrängte. Die Government-Waffe beruhte dabei auf dem Prinzip eines älteren Modells, nämlich dem Colt Browning Modell 1900. Die Wahl fiel auf das Kaliber .45, da die zuständigen Stellen der festen Überzeugung waren, dass die Schock- und Stoppwirkung besser wäre als etwa beim Kaliber 9-mm-Parabellum. Dadurch sollte sich auch das höhere Gewicht rechtfertigen. Neben Colt nahmen auch noch andere Hersteller an der Ausschreibung teil, so etwa Savage. Die Wahl fiel am Ende auf das Modell aus Hartford. Nach den Erfahrungen des Ersten Weltkrieges änderte man noch ein paar Details und führte dann die verbesserte Variante A1 ein. Diese Version verfügte nun über eine bessere Visierung und eine geänderte Handlage. Dazu kam ein verstärkter

Taschenmesser mit Motiv von Iwo Jima neben einer Cuno Melcher Schreckschussversion einer Colt 1911. Beides Erinnerungen an die Zeit des Zweiten Weltkrieges mit seinen Schrecken.

Rücken, ein schmalerer Abzug und die Handballensicherung ragte weiter heraus. Konstruktion und Funktionsweise der 1911 änderte sich dabei nur minimal.
Der Rückstoßlader mit verriegeltem Verschluss verfügte über einen beweglichen Lauf, der im Schuss fest mit dem Schlitten verbunden war. Die Verriegelung der 1911 erfolgt über zwei Nocken oben am Lauf. Dabei handelt es sich um ein sehr robustes System, das in Verbindung mit der Sicherung dafür sorgte, das die Colt Government zu den besten Faustfeuerwaffen des Zweiten Weltkrieges zählte.
Die Wehrmacht führte die 1911er auch in den eigenen Reihen und zwar unter der Bezeichnung »11,43 mm P660(a)«. Da es aber zu Engpässen mit der Munition kam, blieb diese Selbstladepistole, trotz ihrer Vorteile, lediglich eine Randerscheinung.
Auch heute noch entsteht diese Waffe, sogar von anderen Herstellern, die das Prinzip adaptierten. Dabei variiert die Qualität je nach Produkt. Auch illegale bzw. nicht lizenzierte Nachbauten existieren auf dem Markt. Die Gesamtzahl an Originalen und Nachbauten dürfte in die zig Millionen gehen.

Zwei Colts M 1911 aus Armeebeständen. Diese tragen auf der rechten Schlittenseite den Schriftzug »MODEL OF 1911 U.S. ARMY« können sich aber auch unterscheiden, etwa bei der Schriftgröße.

Technische Daten:	
Hersteller:	u.a. Colt, Hartford/USA
Produktionszeit:	seit 1911
Ausführung:	Selbstladepistole
Kaliber:	.45
Länge:	217 mm
Lauflänge:	127 mm
Gewicht:	1100 Gramm
Magazin:	7 Patronen
Mündungsgeschwindigkeit:	262 m/s
Effektive Reichweite:	50 m

Smith & Wesson M1917

Im Ersten Weltkrieg kauften die Briten große Mengen an Waffen in den USA, so auch bei Smith & Wesson. Darunter fanden sich auch Revolver, die für die britische Standardmunition ausgelegt waren. Als dann die Vereinigten Staaten von Amerika 1917 aktiv in den Krieg eingriffen, stand die US-Armee vor einem Problem. Zwar war mit dem Colt Government M1911 eine sehr gute Selbstladepistole im Kaliber .45 beschafft worden, doch reichten die Produktionszahlen nicht, um den Bedarf zu decken. Weitere Firmen kamen ins Boot, um den Engpass zu überbrücken.
Aber schon gab es ein anderes Problem: nahezu die gesamte Munition war für die Pistole M1911 ausgelegt und somit ohne Rand, wie ihn Revolverpatronen haben. Smith & Wesson konnte auch nicht einfach die Produktion von Revolver auf Pistole umstellen, zumindest nicht in einer ausreichenden Zeitspanne. Es musste also eine Lösung dahingehend gefunden werden, wie man aus den Revolvern die Pistolenmunition verschießen konnte, um so den Engpass an Waffen zu überbrücken.
Half-moon-Clips war das Zauberwort, das nun Abhilfe schaffte. Diese verhinderten, dass die Patronen zu weit ins Trommellager rutschten. Nach dem Schießen ließen sich die Clips samt den Hülsen wie gewohnt ausstoßen und bei Bedarf wiederverwenden. Mit dieser Lösung kamen die Revolver dann nach Übersee und nahmen am Ersten Weltkrieg teil. Nach dem Krieg blieben die Waffen noch eine Zeitlang im Dienst der Amerikaner, wohingegen die Briten diese sogar noch im Zweiten Weltkrieg nutzten, vornehmlich bei der Royal Navy und der Heimwehr.
Abgesehen von den Clips war der Smith & Wesson M1917 ein normaler Revolver, der vor allem durch seine Zuverlässigkeit und Robustheit überzeugte. Single- oder Double-Action waren möglich, die Trommel drehte nach links. Mehr als 300.000 Stück kamen aus den Fabriken. Noch im Jahr 1938 beschaffte Brasilien 25.000 Stück des Modells M1917.

Der Smith & Wesson revolver M 1917 verschoss Pistolen-Patronen im Kaliber .45 ACP. Das war möglich durch die Verwendung von sogenannten Half-moon-Clips.

Revolver gehörten lange zum Standard vieler Armeen. Doch auch die Möglichkeit Pistolenmunition zu verschießen – wie beim S&W M 1917 – konnte nicht verhindern, dass die Pistole über den Revolver beim Militär obsiegte.

Technische Daten:	
Hersteller:	u.a. Smith & Wesson, Springfield/USA
Produktionszeit:	1917 bis 1954
Ausführung:	Revolver
Kaliber:	.45
Länge:	274 mm
Lauflänge:	140 mm
Gewicht:	1020 g
Magazin:	6 Patronen
Mündungsgeschwindigkeit:	253 m/s
Effektive Reichweite:	---

Belgien

Browning Modell 1910

So klein Belgien auch von seiner Landfläche her sein mag, so eine große Rolle spielte das Land doch in der Waffenproduktion in der Zwischenkriegszeit. Zahlreiche Modelle entstanden aber auch schon vor dem Ersten Weltkrieg, wie das Modell Browning 1910, das zu einem der erfolgreichsten Taschenpistolenmodellen der Geschichte avancieren und noch bis in die 80er Jahre des letzten Jahrhunderts produziert werden sollte.

Interessant bei diesem Rückstoßlader mit feststehendem Lauf und unverriegeltem, gefedertem Masseverschluss: seit 1910 eigentlich in ständiger Produktion, war die Browning doch nie als offizielle Dienstwaffe eingeführt worden, doch in den Truppen vieler Länder war sie zu finden. Denn eigentlich war diese Taschenpistole für den zivilen Markt vorgesehen, wie es der Konstrukteur, John Moses Browning, vorgesehen hatte. Doch wegen ihrer hochwertigen Konstruktion und ihrer Qualität schuf sie sich Freunde auch außerhalb des Zivilmarktes. Weitere Kennzeichen der Pistole sind etwa ein rundes, den Lauf umschließendes Verschlussstück, wodurch die Verschlussfeder um den Lauf herum gewickelt ist – bei anderen Waffen aus der Zeit war diese über oder unter dem Lauf zu finden.

Als Standardkaliber war sie für 7,65-mm-Patronen ausgelegt, es gab aber auch noch eine Variante für 9-mm-Patronen. Beide Versionen sahen aber gleich aus und fassten auch jeweils ein Kastenmagazin mit sieben Patronen.

Wie erwähnt, war die belgische Qualität ausgezeichnet. Aber auch andere Länder produzierten diese Pistole, wo es in diesem Punkt mitunter große Abstriche gab.

Nachdem sie im Jahr 1940 das kleine Belgien besetzt hatte, übernahm die Wehrmacht auch die Produktionsstätten von FN. Da dringend Waffen benötig wurden, behielt man die Fertigung der Browning M1910 bei und gab diese Pistole in erster Linie an die Luftwaffe aus.

Vom Modell 1910 gingen Massen an die deutschen Soldaten. In der Liste der Beutewaffen findet sich diese Pistole unter der Bezeichnung »7,65 mm P620(b)«. Geschichte schrieb diese Waffe zudem auch. Mit ihr wurde 1914 das Attentat auf den österreichischen Erzherzog Franz Ferdinand in Sarajewo ausgeführt. Zu sehen ist diese Pistole im HGM in Wien.

Das Browning Modell 1910 war eigentlich gar nicht für das Militär gedacht, sondern für den Zivilmarkt konzipiert worden. Doch die Qualität überzeugte auch die Soldaten.

Auch wenn Belgien ein verhältnismäßig kleines Land ist, so kann es sich doch seiner Leistungen auf dem Waffensektor rühmen. Auch deutsche Polizeien gehörten zu den Nutzern vieler Modelle von Fabrique Nationale.

Technische Daten:	
Hersteller:	Fabrique Nationale d´Armes de Guerre (FN), Herstal
Produktionszeit:	1910 bis 1983
Ausführung:	Selbstladepistole
Kaliber:	7,65 mm
Länge:	162,5 mm
Lauflänge:	102 mm
Gewicht:	615 g
Magazin:	7 Schuss
Mündungsgeschwindigkeit:	290 m/s
Effektive Reichweite:	40 m

Browning High Power

Die Browning High Power erfreut sich auch heute noch großer Beliebtheit und gilt als Grundstein für spätere Entwicklungen auf dem Gebiet der Armeepistolen. Im Jahr 1920 hatte sie der bekannte Waffenkonstrukteur John Moses Browning entworfen.
Doch es sollte noch 15 weitere Jahre dauern, ehe die Produktion begann. In Belgien war es schließlich die Fabrique Nationale d´Armes de Guerre (FN), die sich an die Herstellung dieser Waffe machte. Auf den ersten oberflächlichen Blick kann man den Eindruck gewinnen, eine leicht abgeänderte 1911 vor sich zu sehen, doch dem ist nicht so. Die Pistole fasst in einem doppelreihigen Magazin bis zu 13 Patronen im Kaliber 9 mm Para, also mehr als die Colt-Waffe. Auch nutzt die High Power ein anderes Verschlusssystem als die Konkurrenz aus Übersee. Durch einen speziell geformten Nocken wird bei der Browning der Lauf nach unten gezogen und verriegelt so in einer geraden Stellung.
Das Ergebnis war eine Waffe, die durch Zuverlässigkeit und Robustheit bestach. Vor Ausbruch des Zweiten Weltkrieges führten die Armeen von Belgien, Dänemark, Litauen, Rumänien und anderer Länder diese Waffe ein. Und auch die Deutschen erkannten die Vorteile der High Power für sich. Nachdem Belgien kapituliert und deutsche Truppen das Land besetzt hatten, lief die Produktion in der Nähe von Lüttich weiter. In erster Linie gingen die hergestellten Pistolen an die Waffen-SS, die ebenfalls, wie Kriegsmarine, Luftwaffe und Heer, auf der Suche nach Waffen für ihre Truppen war. In den offiziellen Listen der Beutewaffen findet sich die High Power unter der Bezeichnung »9 mm P640 (b)« wieder.
Und auch nach dem Krieg wurde die Produktion fortgesetzt. Immer neue Veränderungen und Modernisierungen führten dazu, dass diese Waffe auch heute noch in vielen Ländern auf der Welt zu finden ist und so eine weite Verbreitung rund um den Globus fand.

Nach der Besetzung Belgiens gehörte die Waffen-SS zu der Reihe der Abnehmer dieser Waffe. Als der Krieg zu Ende war, lief die Produktion weiter, da es sich um eine ausgeklügelte und gute Pistole handelte.

Technische Daten:	
Hersteller:	Fabrique Nationale d´Armes de Guerre, Herstal, Lüttich
Produktionszeit:	seit 1935
Ausführung:	Selbstladepistole
Kaliber:	9 mm
Länge:	197 mm
Lauflänge:	118 mm
Gewicht:	990 g
Magazin:	13 Schuss
Mündungsgeschwindigkeit:	354 m/s
Effektive Reichweite:	50 m

Frankreich

MAS Modell 1892

Er gilt als der erste europäische Revolver mit ausschwenkbarer Trommel, der Pistole-Revolveur mle 1892 oder auch mle d´Ordonnance 1892 genannt, da er vom Ende des 19. Jahrhunderts bis zum Zweiten Weltkrieg bei der französischen Armee zu finden war. Und obwohl eine offizielle Waffe, nutzten viele französische Offiziere lieber Pistolen als diese Revolver, zumal zu Beginn des 20. Jahrhunderts vermehrt die Modelle von Browning in vielen Armeen zu finden waren.

Ein interessantes Detail an diesem allgemein auch Lebel-Revolver bezeichneten 6-Schüsser war, dass sich die Trommel nach rechts ausschwenken ließ und nicht wie bei anderen Ausschwenkmodellen nach links. Und der Trommellöser liegt ebenfalls auf der rechten Seite, was vor allem den Linksschützen zu Gute kam. Warum dies so war, darüber herrscht bis heute Uneinigkeit. Und noch eine weitere konstruktive Feinheit hob den Lebel von anderen Modellen ab. Zum Reinigen der Waffe ließ sich die linke Abdeckplatte vollständig herumschwenken, nachdem die Griffschale entfernt worden war. Auf diese Weise lag der komplette Mechanismus der Waffe frei und konnte gereinigt werden. Seinen Beinamen »Lebel-Revolver« verdankt diese Waffe aber nicht Nicolas Lebel, denn dieser war an ihr nicht beteiligt. Vielmehr bezog sich dieser Beiname auf das Kaliber der Waffe. Dieses entsprach nämlich dem Lebel-Gewehr, das es auch im Kaliber 8 Millimeter gab – das Laufprofil bei Gewehr und Revolver war übrigens identisch.

Insgesamt konnte sich der Revolver zwar bewähren, aber seine Herstellung war entsprechend aufwendig. Ungefähr 300.000 Stück kamen bis zur Einstellung der Produktion aus den Werkstätten. Dennoch hielt sich der Revolver in der französischen Armee, bis der Zweite Weltkrieg ausbrach. Auch in der deutschen Wehrmacht fand der Lebel-Revolver noch Verwendung und ergänzte den eigenen Bestand, obwohl er selten geworden war. Seine Bezeichnung dort war: 8 mm R637 (f).

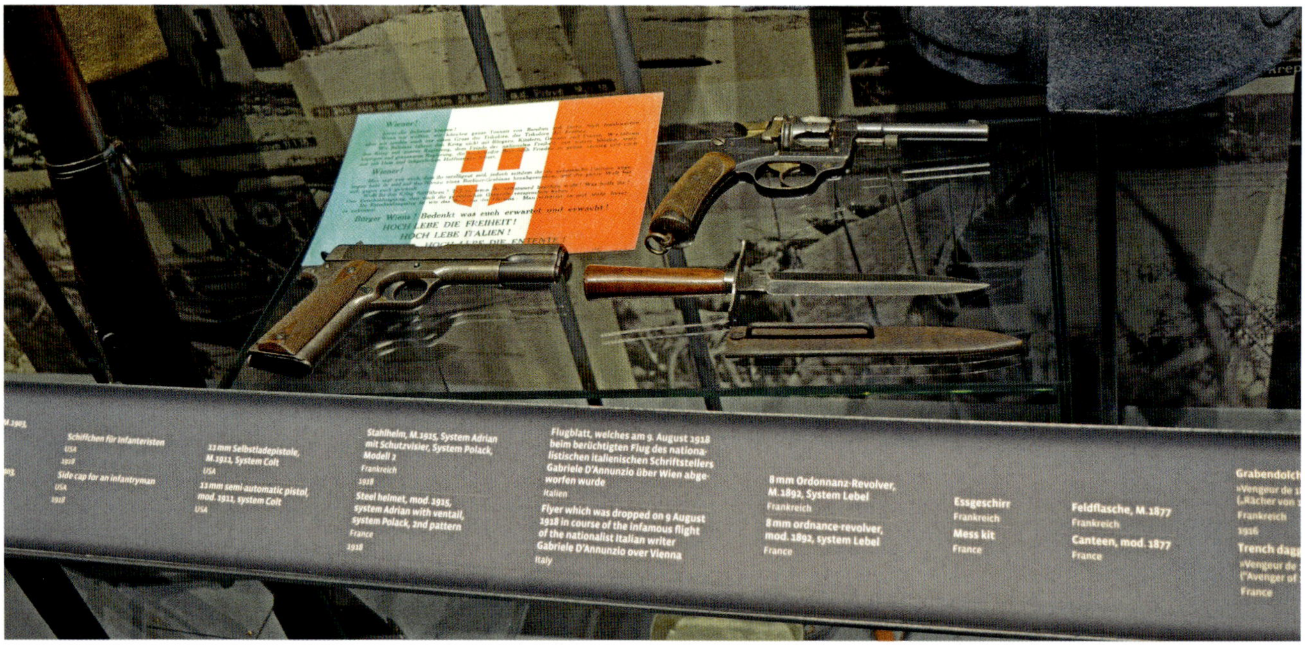

Der »Lebel-Revolver« verdankt seinen Beinamen nicht Nicolas Lebel, sondern der Munition, die mit ihm verschossen wird.

Offiziell als Waffe bei der Armee eingeführt, erfreute sich der Revolver keiner großen Beliebtheit. Die meisten Soldaten griffen bei entsprechenden Möglichkeiten lieber auf Pistolen zurück.

Technische Daten:	
Hersteller:	u.a. Manufacture d´Armes St. Etienne
Produktionszeit:	1892 bis 1924
Ausführung:	Revolver
Kaliber:	8 mm
Länge:	235 mm
Lauflänge:	118,5 mm
Gewicht:	792 g
Magazin:	6 Schuss
Mündungsgeschwindigkeit:	225 m/s
Effektive Reichweite:	30 m

MAS 1935 A

Spät machte sich auch das französische Militär Gedanken darüber, welche Vorteile Pistolen mit sich bringen können für eine Armee. Auch wenn der Lebel-Revolver eine gute Waffe war, so stieß er nun doch an seine Grenzen. Aus den durchgeführten Vergleichstests ging schließlich das Modell 1935 A als Sieger hervor. Bei ihm handelt es sich im Grunde genommen um einen Colt M 1911 A, den aber der Schweizer Charles Petter noch weiter verbesserte. So stattete der ehemalige Fremdenlegionär und Angestellter der SACM die Waffe mit einem integrierten Feuer-Kontroll-System aus, das wegweisend für andere Entwicklungen nach Kriegsende sein sollte.

Das Problem war nur, dass man zwar den Sieger konstruiert hatte, aber erst 1937 in Serie gehen konnte und die ersten Chargen noch später an die Truppe gingen. Doch neben dem A-Modell gab es auch noch ein S-Modell. Diese Waffe war der A-Version unterlegen. Weil sich aber ein Krieg in

Erst spät schwenkte Frankreich auf die Pistole um. Der Schweizer Charles Petter verbesserte einen Colt M1911 und schuf das Modell MAS 1935 A.

Europa immer deutlicher abzuzeichnen begann, entschieden die Franzosen, diese Waffe ebenfalls zu bauen.
Letztlich kamen jedoch beide Modelle zu spät und in zu geringen Stückzahlen zu den Truppen der Grande Nation, als dann die Deutschen in Frankreich einmarschierten, wodurch die Produktionsstätten beider Waffen in die Hände der Wehrmacht gelangten. Im Gegensatz zum S-Modell der Waffe behielten die Deutschen die Produktion der 1935 A bei. Unter der Bezeichnung »7,65 mm P625(f)« fand sie Eingang in die deutschen Waffenlisten.
Nach dem Ende der deutschen Besatzung nahmen die Franzosen die Produktion der Waffe wieder auf und behielten sie bis Mitte der 1950er Jahre bei. Bis in den Vietnamkrieg hinein war diese Waffe noch in Gebrauch.

MAS 1935 A aus einer privaten Sammlung. Bis Mitte der 1950er Jahre wurde diese Pistole produziert und war selbst noch im Vietnamkrieg zu finden.

Technische Daten:	
Hersteller:	u.a Societé Alsacienne de Construction Mechanique SACM
Produktionszeit:	1937 bis 1956
Ausführung:	Pistole
Kaliber:	7,65 mm
Länge:	193 mm
Lauflänge:	109 mm
Gewicht:	735 g
Magazin:	8 Schuss
Mündungsgeschwindigkeit:	345 m/s
Effektive Reichweite:	50 m

Dänemark

Bergmann-Bayard Modell 1910/21

Das Modell Bergmann-Bayard entstand zu Beginn des 20. Jahrhunderts und weist entfernte Ähnlichkeit mit der Mauser C96 auf. Jedoch präsentiert sich der Abzugsmechanismus bei der Bergmann-Bayard simpler und vor allem lässt sich das Magazin – im Gegensatz zur Mauserkonstruktion – entnehmen. Dementsprechend konnte sie entweder mit einem Magazin beladen werden oder aber mit Patronenstreifen oben durch den offenen Verschluss.

In Deutschland konnte sich diese Waffe jedoch nicht durchsetzen. Dennoch war sie eine der ersten Selbstladepistolen im Kaliber 9 Millimeter.

Große Stückzahlen entstanden bei der Firma Pieper in Belgien, die Bergmann unterstützte, als von der spanischen Armee eine große Bestellung einging. Eine weitere Nation, die diese Waffe einführte, war Griechenland. In einem anderen Land avancierte sie sogar zu einer langlebigen Dienstwaffe: Im Jahr 1911 führte die Armee Dänemarks diese Pistole als Standardwaffe ein. Von 1922 bis 1935 produzierten die Dänen die Bergmann-Bayard noch in Lizenz. Bis zum Ende des Zweiten Weltkrieges blieb sie im Dienst.

Nach der Besetzung des skandinavischen Landes kamen viele Exemplare auch in deutsche Hände und wurden unter der Bezeichnung »9 mm P644(d)« in deutschen Beständen geführt. Als Standardkaliber etablierte sich bei dieser Pistole 9 Millimeter, obwohl es auch Versuche mit den Kalibern 10 Millimeter und .45 gab.

Zwei Lademöglichkeiten: Die Bergmann-Bayard konnte auf zwei Arten aufmunitioniert werden. Zum einen mittels Magazin und zum anderen mit Ladestreifen.

Die Pistole arbeitet mit einem kurzen Rücklauf. Sie verriegelt mit einem Verschlussblock, in den das Verschlussstück gleitet. Für diese Waffe gibt es auch noch die Option eines Anschlagschaftes. Durch ihre Größe und Gewicht erwies sie sich aber bald als zu unhandlich.

Etwas mehr als 15.000 Stück wurden gebaut, die letzten im Jahr 1935. Sie blieben aber bis 1946 der Standard der dänischen Armee, bis sie durch eine Browning-Pistole ersetzt wurden.

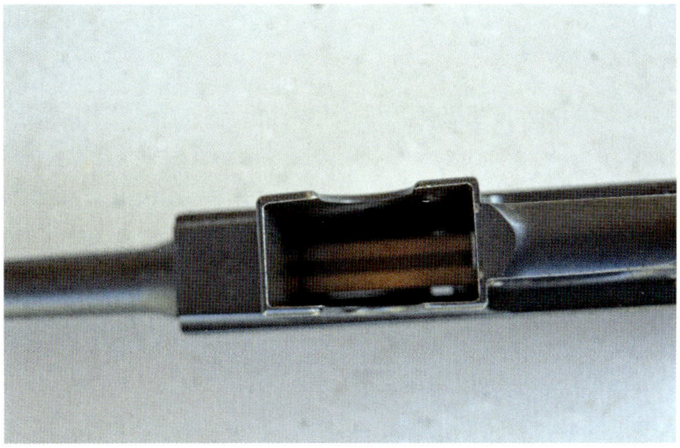

In Deutschland konnte sich die Waffe nicht gegen die Konkurrenz durchsetzen, wohl aber in anderen Ländern. Entfernt erinnert die Bergmann zudem an eine Mauser C 96.

Technische Daten:	
Hersteller:	u.a Harnes Tojhus, Kopenhagen (Lizenz)
Produktionszeit:	1901 bis 1935
Ausführung:	Selbstladepistole
Kaliber:	9 mm
Länge:	254 mm
Lauflänge:	101 mm
Gewicht:	1022 kg
Magazin:	je nach Magazin 6, 8 oder 10 Schuss
Mündungsgeschwindigkeit:	340 m/s
Effektive Reichweite:	50 m

Großbritannien

Enfield No. 2 Mk 1 und Mk 1*

Im Ersten Weltkrieg (1914 bis 1918) avancierte der Webley-Revolver zum Standard der britischen Armee. Nach dem Krieg begab sie sich auch auf die Suche nach anderen Modellen. Dabei stand man auf der Insel der Pistole aber nach wie vor ablehnend gegenüber. Aus den Erfahrungen des Großen Krieges leiteten die Entscheider ab, dass das Kaliber .455 ein zu langes Training bedurfte, bis der Soldat damit eine ausreichende Trefferquote erreichen konnte. Deswegen wurden Versuche mit anderen Kalibern unternommen, aus denen schließlich das .380er British als Sieger hervorging, das sich wiederum an der .38 S&W orientierte. Es dauerte aber noch bis in die 1930er Jahre, bis man das Endprodukt, den Enfield No. 2 Mk 1, präsentierte. Das Ausgangsmodell war dabei ein Dienstrevolver von Webley, die Abzugsvorrichtung und der Verschluss kamen von der Royal Small Arms Fabrik in Enfield. Bei dieser Waffe handelt es sich um einen Kipplaufrevolver mit einem starken Verriegelungssystem.

Eine Weiterentwicklung dieses 6-Schüssers war der Mk 1*, der sich von dem anderen Modell dahingehend unterschied, dass er keinen Hahnsporn auf dem Schlagbolzen und auch keine Spannraste hatte und nur als Double-Action-Version zu gebrauchen war. Diese Änderungen wurden vorgenommen, damit Panzerbesatzungen aus ihren Fahrzeugen aus- oder einsteigen konnten, ohne irgendwo hängenzubleiben und ungewollt einen Schuss abzufeuern – sie dienten also der Vermeidung von Unfällen.

Im Kampf erwies sich der Enfield-Revolver als zuverlässig und robust. Doch lagen die Fertigungszahlen immer hinter dem Bedarf, so dass auch Webley & Scott während des Krieges Aufträge erhielt, um die Lücke zu schließen.

Der Enfield-Revolver basierte auf einem Modell von Webley. Dabei handelt es sich um einen Kipplaufrevolver und das zu einer Zeit, in der die meisten Nationen auf Selbstladepistolen setzten.

Technische Daten:	
Hersteller:	Royal Small Arms Factory, Enfield
Produktionszeit:	1932 bis 1957
Ausführung:	Revolver
Kaliber:	.380 British
Länge:	260 mm
Lauflänge:	127 mm
Gewicht:	767 g
Magazin:	6 Schuss
Mündungsgeschwindigkeit:	183 m/s
Effektive Reichweite:	xx

Smith & Wesson 38/200

Als der Zweite Weltkrieg in Europa begann, litten die Briten unter einem chronischen Waffenmangel. Es gab zwar genug Truppen, aber nicht genug Material, um die Männer auszustatten. So kam es, dass das Empire in den Vereinigten Staaten auf

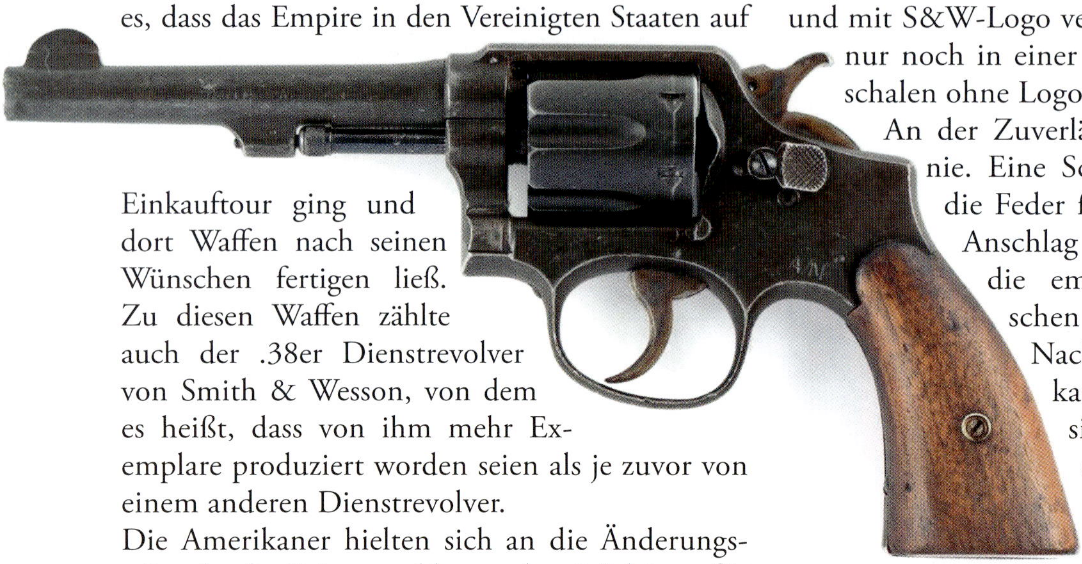

Einkauftour ging und dort Waffen nach seinen Wünschen fertigen ließ. Zu diesen Waffen zählte auch der .38er Dienstrevolver von Smith & Wesson, von dem es heißt, dass von ihm mehr Exemplare produziert worden seien als je zuvor von einem anderen Dienstrevolver.

Die Amerikaner hielten sich an die Änderungswünsche der Briten und legten den 6-Schüsser für die britische Dienstpatrone im Kaliber .38 mit einem 200 Grain schweren Geschoss aus – daher auch die Bezeichnung. Andere Bezeichnungen für diese Waffe sind Revolver No. 2 Cal. 380 oder auch Smith & Wesson .38/200 British Service.

Bei dieser Waffe handelt es sich um eine einfache Konstruktion, die sich als sehr robust erwies. Die Revolver gingen an alle britischen Truppen, auch an die des Commonwealth. Zwischen 1940 und 1946, als die Produktion ihr Ende fand, gelangten fast 900.000 Stück zu den Soldaten. Bis in die 1960er Jahre ist belegt, dass diese Waffen noch im Dienst waren, bevor sie dann endgültig durch moderne Muster ersetzt wurden.

Im Laufe des Krieges machten diese Waffen aber auch Veränderungen durch. Waren von 1940 bis 1942 die Läufe brüniert und in zwei Längen erhältlich und die Griffe mit Fischhaut verschnitten und mit S&W-Logo versehen, gab es sie ab 1942 nur noch in einer Länge und mit Holzgriffschalen ohne Logo – Kriegsfertigung eben.

An der Zuverlässigkeit mangelte es aber nie. Eine Schwachstelle war lediglich die Feder für den Schlagbolzen. Der Anschlag des Schlagbolzens war für die empfindlicheren amerikanischen Zündhütchen ausgelegt. Nach jahrelanger Lagerung kann dies dazu führen, dass sich die Feder setzt und dadurch nicht mehr die nötige Spannung hat, um eine Patrone anderer Fertigung sicher zu zünden.

Inwieweit deutsche Truppen ebenfalls diese Waffe führten, dazu gibt es keine weiterführenden Erkenntnisse.

Not macht erfinderisch: Die Amerikaner änderten ihren S&W-Revolver nach britischen Wünschen ab, so dass die Version .38/200 entstand.

Kaliber und Firmenbezeichnung finden sich an dem Revolver, der seinen Dienst auf der anderen Seite des Atlantiks antrat.

Der Schriftzug »MADE IN USA« lässt auf seinen Ursprung schließen.

Die Buchstaben S&W bilden, wie hier zu sehen, ein unverwechselbares Logo.

Technische Daten:	
Hersteller:	Smith & Wesson, USA
Produktionszeit:	1940 bis 1946
Ausführung:	Revolver
Kaliber:	.38
Länge:	257 mm
Lauflänge:	127 mm
Gewicht:	880 g
Magazin:	6 Schuss
Mündungsgeschwindigkeit:	198 m/s
Effektive Reichweite:	25 m

Webley & Scott Mk VI

Die Revolver von Webley & Scott blicken auf eine lange Geschichte zurück. Schon ab Ende der 1880er-Jahre begann ihre Produktion, die verschiedene Entwicklungsstufen durchlief und diverse Modelle hervorbrachte. Bis zum Ende des Zweiten Weltkrieges war das Modell Mk VI – also Mark VI – im Einsatz und auch noch darüber hinaus. Auf alle Fälle war dieser 6-Schüsser von 1915 bis 1945 der offizielle Dienstrevolver der britischen Truppen. Ausgelegt war er für die Patrone 11,4 mm x 22R Enfield. Insgesamt handelt es sich bei dieser Waffe um einen zwar schweren, aber dennoch zuverlässigen und präzisen Revolver.

Das Gewicht der Waffe war der Patrone geschuldet und verlangte vom Schützen viel Kraft. Die Mannstopwirkung war gut, was sich schon in den Grabenkämpfen des Ersten Weltkrieges zeigte. Deswegen behielt man dieses Modell auch bei. Durch dieses Festhalten wurde aber das vermehrte Aufkommen der Dienstpistolen übersehen, die bei vielen Nationen an die Stelle der Revolver traten. Auch die Produktionszahlen fielen nicht sehr hoch aus, so dass es bei Ausbruch des Zweiten Weltkrieges dazu kam, dass die Briten zu wenig Waffen hatten und diese zum Teil auch noch veraltet waren. Diesem Umstand wurde durch Waffenbestellungen etwa in den USA begegnet.

Im Rahmen seiner Möglichkeiten bewährte sich das Modell Mark VI auch im Zweiten Weltkrieg. Die Deutschen fanden ebenfalls Gefallen an diesem Webley & Scott. In den Reihen der Wehrmacht fand sich dieser Revolver unter der Bezeichnung »11,55 mm R665 (e)«. Seine Robustheit führte dazu, dass viele Stücke den Krieg überlebten. So finden sich heute noch zahlreiche Revolver aus der Zeit des Krieges, die voll funktionstüchtig sind.

Ein interessantes Detail: Für diese Waffe war ein aufsteckbares Bajonett erhältlich. Es kam jedoch nur selten zum Gebrauch, weil das Bajonett den Mk VI noch schwerer und unhandlicher machte.

Ein Webley Revolver Mk VI im Kaliber .455 Webley. Dieses Modell war auch noch nach dem Ende des Zweiten Weltkrieges in Gebrauch. Sogar ein Bajonett konnte diese Waffe tragen – was aber nur selten der Fall war.

Technische Daten:	
Hersteller:	u.a. Webley & Scott, Birmingham
Produktionszeit:	1887 bis 1923
Ausführung:	Revolver
Kaliber:	.455
Länge:	286 mm
Lauflänge:	152 mm
Gewicht:	1090 g
Magazin:	6 Schuss
Mündungsgeschwindigkeit:	189 m/s
Effektive Reichweite:	40 m

Tschechien
Pistole ČZ vz. 24

Konstruktiv handelt es sich bei der ČZ 24 um eine Selbstladepistole, die über einen drehbaren Lauf verriegelt und als Rückstoßlader arbeitet – diese Auslegung war entsprechend aufwendig. Sie ging aus der ČZ vz. 22 hervor, die wiederum aus der Mauser 1910/14 entstand. Für die ČZ 22 zeichnete der Ingenieur Josef Nickl verantwortlich. An der ČZ 24 nahmen später auch noch andere Konstrukteure Änderungen vor, weswegen es zu unterschiedlichen Namensnennungen in den jeweiligen Patentschriften kam.
Bei der Waffe handelt es sich um eine an sich durchdachte Pistole, auf die auch das Militär aufmerksam wurde. Sie avancierte zur Standardwaffe der tschechoslowakischen Armee, war jedoch äußerst aufwendig in der Herstellung und daher entsprechend kostspielig. Dies führte zu einem weiteren Modell, der ČZ 27, die aber nicht mehr in großen Stückzahlen zu den Truppen kam.

Als die Deutschen die sogenannte »Resttschechei« annektierten, stellten sie alsbald die Produktion der ČZ 24 zugunsten der ČZ 27 ein. Dennoch waren noch genug Waffen vorhanden, um sie in die eigenen Bestände aufzunehmen und im Zweifelsfall an die eigenen Truppen auszugeben.
Die offizielle deutsche Bezeichnung lautete »9 mm P24 (t)«. Auch ans Ausland ging die ČZ 24, so etwa an den polnischen Zoll, der eine abgeänderte Version führte.
Außerdem gab es noch eine geringe Anzahl der Pistolen, die für die Verwendung von Schalldämpfern ausgelegt war.

Ein Rückstoßlader, der über einen drehbaren Lauf verriegelt – das ist die tschechische Pistole ČZ vz. 24, die auch während des Zweiten Weltkrieges in deutschen Diensten zu finden war.

Technische Daten:	
Hersteller:	Česká Zbrojovka, Strakonice
Produktionszeit:	1924 bis 1939
Ausführung:	Selbstladepistole
Kaliber:	9 mm
Länge:	152 mm
Lauflänge:	91 mm
Gewicht:	700 g
Magazin:	8 Schuss
Mündungsgeschwindigkeit:	295 m/s
Effektive Reichweite:	40 m

Pistole ČZ vz. 27

Grundlage für das tschechische Modell 27 war das Modell 24. Diesem wiederum nahm sich unter anderem Josef Nickl an, der eine kostengünstigere Pistole schaffen sollte. Zwar war die ČZ 24 der Standard der tschechoslowakischen Armee, doch ihre Produktion war sehr kostspielig. Trotz steigender Herstellungszahlen kam es vor der Annexion der sogenannten »Resttschechei« im März 1939 durch das Deutsche Reich zu keiner massenhaften Auslieferung. Nun befanden sich aber die Produktionslinien, wie auch die ganze Rüstungsindustrie, in der Hand der Deutschen, die Gefallen an dieser Waffe fanden. Unter dem »neuen« Hersteller Böhmische Waffenfabrik AG in Prag liefen bis Kriegsende etwa eine halbe Million Stück dieser Pistolen von den Bändern, die in der deutschen Version geringfügig abgeändert waren.
Konstruktiv handelt es sich um einen Rückstoßlader mit feststehendem Lauf und Masseverschluss. Schon im Jahr 1939 führte die Wehrmacht die ČZ 27 als Ersatzpistole ein. Die offizielle Bezeichnung lautete »7,65 mm P27 (t)«. Sowohl die reguläre Armee als auch Polizeieinheiten bekamen die Waffe ausgehändigt.

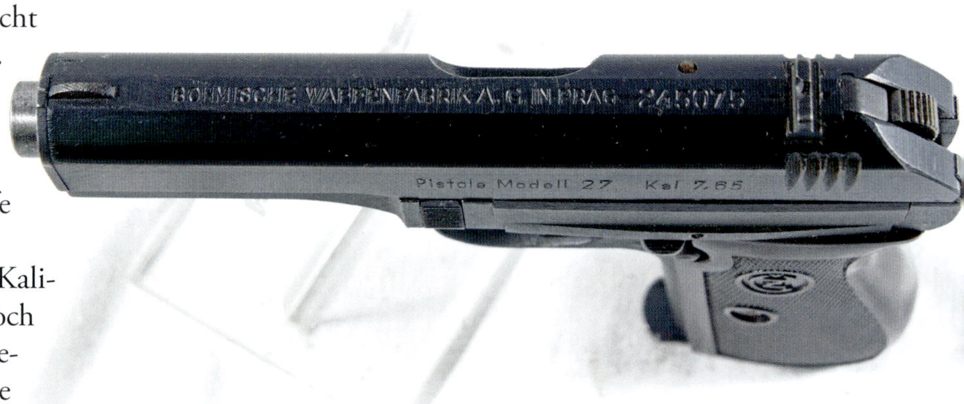

Neben der Standard-Version im Kaliber 7,65 Millimeter gab es auch noch eine Variante im Kaliber 9 Millimeter. Für diese Pistole schufen die Konstrukteure noch einen 250 Millimeter langen Schalldämpfer.
Nach dem Kriegsende nahmen die Tschechen die Produktion wieder auf, bis sie in den 1950er Jahren endgültig auslief.

Das Modell 27 basierte auf dem Modell 24, war aber kostengünstiger herzustellen und sollte als Armeepistole eingeführt werden. Jedoch kam es vor 1939 nicht mehr zu einer breiten Auslieferung der Waffe.

Technische Daten:	
Hersteller:	Česká Zbrojovka, Strakonice
Produktionszeit:	1927 bis 1955
Ausführung:	Selbstladepistole
Kaliber:	7,65 mm
Länge:	160 mm
Lauflänge:	99 mm
Gewicht:	670 g
Magazin:	8 Schuss
Mündungsgeschwindigkeit:	280 m/s
Effektive Reichweite:	40 m

Pistole ČZ vz. 38

Nach dem Ersten Weltkrieg mauserte sich die tschechoslowakische Waffenindustrie zu einer der besten in Europa. Sowohl was Panzer als auch Infanteriewaffen anging, kamen viele gute Produkte aus dem Land und beeinflussten zudem andere Entwicklungen. Auch in Bezug auf Pistolen war die Tschechoslowakei ein Schrittmacher ihrer Zeit. ČZ 24 oder ČZ 27, alle bei ČZ entstanden, mögen nur zwei weitere Beispiele dafür sein.

Die ČZ 38 nimmt aber eine Sonderrolle ein. Wie ihre Vorgänger war sie ein unverriegelter Rückstoßlader mit feststehendem Lauf, Feder/Masse-Verschluss und einem außenliegenden Hahn. Doch sie war nicht mehr auf der Höhe der Zeit, da der Abzugsmechanismus dergestalt arbeitete, dass man die Waffe nur abfeuern konnte, wenn der Schütze den Abzug zum Spannen und Auslösen des Spannstücks benutzte – moderne Waffen zu der Zeit hatten eine äußere Spannraste, um die Pistole mit der Hand zu spannen. Das genau Zielen durch den Schützen war so zwingend.

Zudem bestand die ČZ 38 aus 45 Einzelteilen, was die Produktion entsprechend aufwendig machte. Unverständlich war darüber hinaus die Kaliberwahl in Verbindung mit Größe und Gewicht der Waffe – denn sie hätte auch stärkere Munition als die 9-mm-Patrone verschießen können. Durch ihre Form trug sie sich den wenig schmeichelhaften Namen »Nussknacker« ein.

Mit ein paar Modifikationen wollte man der Pistole zu Leibe rücken, doch kam den Tschechoslowaken das Deutsche Reich dazwischen. Durch die Einverleibung des Sudetenlandes 1938 und der Besetzung der sogenannten »Resttschechei« 1939 kamen auch die Rüstungsbetriebe des Landes unter deutsche Kontrolle, darunter die Fertigungsstätten der Pistole. Da die Wehrmacht auf Beutewaffen angewiesen war, kam die Automaticky Pistole ČZ vz. 38/39 auch in die Hände der Landser, die sie unter der Bezeichnung »P 39 (t) Kal. 9 mm« in ihren Beständen führte.

Insgesamt waren die Soldaten aber durchweg unzufrieden mit der Waffe. Der Abzug war zu hart und sie lag auch ungünstig in der Hand. Daher lief die Produktion schon im Jahr 1942 wieder aus. Vornehmlich gingen diese Pistolen an die Polizei oder andere bewaffnete Kräfte.

Im Endeffekt blieb diese Pistole lediglich eine Randnotiz der Waffengeschichte. Obwohl als Dienstwaffe 1938 eingeführt (mit einer Bestellung von 40.000 Stück), verhinderte zunächst die Besetzung der Tschechoslowakei durch die Deutschen und dann der Zweite Weltkrieg eine Weiterentwicklung dieser Pistole.

Viele Einzelteile, teure Herstellung und unzufriedene Soldaten. Die ČZ vz. 38 war eine der schlechteren Waffen aus der Tschechoslowakei.

Technische Daten:	
Hersteller:	Česká Zbrojovka, Strakonice
Produktionszeit:	1938 bis 1942
Ausführung:	Selbstladepistole
Kaliber:	9 mm
Länge:	198 mm
Lauflänge:	119 mm
Gewicht:	909 g
Magazin:	8 Schuss
Mündungsgeschwindigkeit:	290 m/s
Effektive Reichweite:	40

Spanien

Astra 400

Spanische Pistolen genossen vor Ausbruch des Zweiten Weltkrieges nicht unbedingt den besten Ruf. Billig und unzuverlässig waren zwei Eigenschaften, die den Pistolen von der iberischen Halbinsel anhafteten. Doch es gab eine große Ausnahme. Die spanische Astra-Pistole nimmt unter den Waffen des Zweiten Weltkrieges eine besondere Position ein. Die spanische Armee führte diese Selbstladepistole im Jahr 1921 ein, weswegen sie oft auch als Modell 1921 bezeichnet wird.

Qualitativ war sie aller Ehren wert, zumal sie auch in einer renommierten Fabrik in Guernica entstand. Sie ist ein Rückstoßlader ohne Verriegelung und kann – das machte sie zur gern genutzten Waffe – jede Art von 9-mm-Patronen verschießen. Eigentlich für die Bergmann-Bayard-Patrone vorgesehen, kann diese Pistole aber auch die Steyr, Parabellum, Long Browning oder Colt .38 Auto verschießen. Dadurch war sie vielfältig einsetzbar, wenn es etwa um die Verwendung von Beutemunition ging.

Auch äußerlich unterscheidet sich die Astra von anderen Pistolen dieser Klasse, da der Schlitten wie ein Rohr den Lauf umschließt. Die Rückstoßfeder der 400er umfasst ebenfalls den Lauf und man benötigt viel Kraft, um den Schlitten gegen den Widerstand zurückzuziehen – dies ist den starken Patronen geschuldet, die die Spanierin verschießen kann. Zur Ausstattung der Astra gehörten zudem eine Griffsicherung und eine Fangsicherung. Darüber hinaus gab es noch ein paar Modelle, die man für das Kaliber 7,65 Millimeter auslegte.

Unter den Bezeichnungen »9 mm P(Astra)« und »9 mm P642 (f)« fand die Astra 400 Eingang in die Wehrmacht – mit dem Zusatz »f«, da die französische Armee sie als Ersatzwaffe eingeführt hatte. Im Jahr 1941 kaufte Deutschland weitere 600 Stück direkt in Spanien. Die Astra 600 war unter der Bezeichnung »9 mm Pistole (Astra) 43« ebenfalls in deutschen Diensten zu finden. Über 10.000 Stück gingen Anfang 1944 an die Truppe. Zur Lieferung von weiteren 28.000 kam es jedoch wegen des Kriegsverlaufs nicht mehr. Diese konnten allerdings nur Patronen im Kaliber 9-mm-Parabellum verschießen.

Vor allem die Option Beutemunition im Kaliber 9 mm zu benutzen machte die spanische Astra zu einer gern genutzten Waffe der Soldaten.

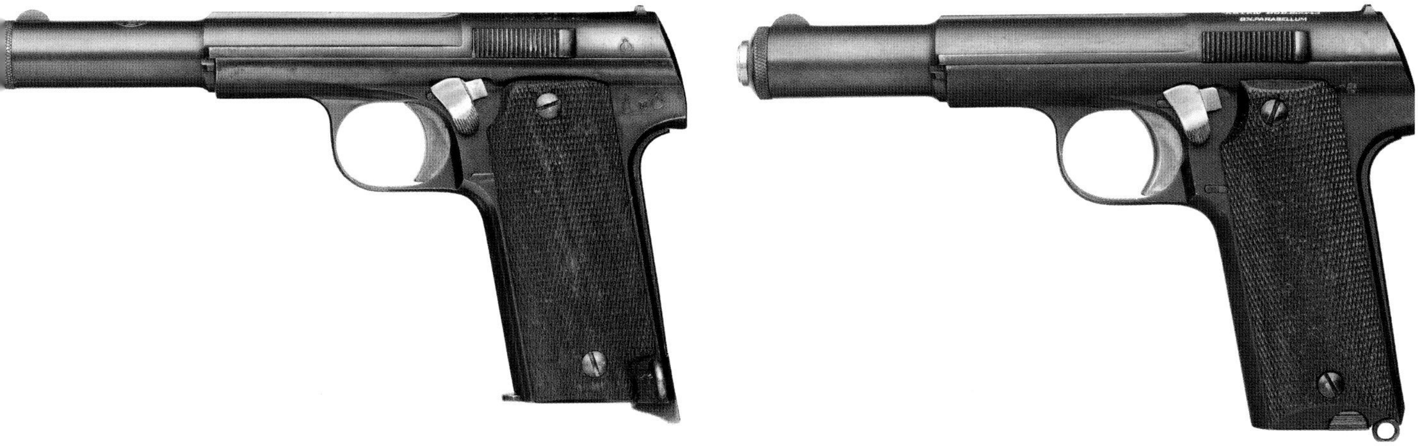

Die Astra war so erfolgreich, dass es mehrere Versionen von ihr gab – wie sich an den beiden abgebildeten Beispielen gut erkennen lässt.

Deutschland kaufte im faschistischen Franco-Spanien Tausende Astras der Versionen 400 und 600. Einige gingen auch als Beute zu den Deutschen – aus französischen Beständen.

Technische Daten:	
Hersteller:	Unceta y Compania SA, Guernica
Produktionszeit:	1921 bis 1946
Ausführung:	Selbstladepistole
Kaliber:	9 mm
Länge:	221 mm
Lauflänge:	150 mm
Gewicht:	1,15 kg
Magazin:	8 Schuss
Mündungsgeschwindigkeit:	343 m/s
Effektive Reichweite:	50 m

Ungarn

Pisztoly 37 M

Zu den weniger bekannten Waffen des Zweiten Weltkrieges dürfte die Entwicklung von Rudolf von Frommer zählen, die bei Ungarns Armee unter der Bezeichnung 37 M lief. Sie war eine Weiterentwicklung der 29 M, die ebenfalls von diesem Konstrukteur stammte. Eigentlich war dieses Modell als Privatwaffe entwickelt worden, aber ihre Eigenschaften wurden als für so gut befunden, dass man sie auch für die ungarische Armee bestellte.

Das Interessante an dieser Waffe war, dass man sie je nach Kundenwunsch in zwei unterschiedlichen Kalibern liefern konnte, wobei die Abmessungen aber gleich blieben. Diese Kaliber waren 7,65 Millimeter oder 9 Millimeter.

Da Ungarn im Zweiten Weltkrieg mit den Deutschen verbündet war, stand auch die Wehrmacht auf der Kundenliste der Ungarn. Diese brauchte dringend Waffen und führte diese Pistole nicht nur ein, sondern ließ sie auch weiter fertigen. Im Unterschied zur Urversion der 37 M besaß die deutsche Ausführung eine manuelle Sicherung, außerdem die üblichen Markierungen des Waffenamtes und andere Spezifika.

Um die Waffe zu zerlegen, muss zuerst das Magazin entfernt werden. Dann bewegt der Schütze den Verschluss nach hinten und lässt ihn mit Hilfe des Schlittenfanghebels arretieren. Als Nächstes wird der Lauf gegen den Uhrzeigersinn gedreht und entnommen. Anschließend wird der Verschluss nach hinten geführt und alles nach vorne abgezogen. Der Zusammenbau erfolgt entsprechend in umgekehrter Reihenfolge.

In den deutschen Reihen war diese Waffe unter der Bezeichnung »P 37(u) Kaliber 7,65 mm« (oder 9 mm; je nach Version) zu finden. Über die produzierten Stückzahlen liegen keine genauen Angaben vor. Sie schwanken zwischen mehr als 150.000 bis zu 300.000 Stück.

Rudolf Frommer oder auch Rudolf von Frommer genannt zeichnete sich verantwortlich für die Konstruktion der ungarischen Selbstladepistole 37 M. Über die genauen Stückzahlen liegen unterschiedliche Zahlen vor.

Technische Daten:	
Hersteller:	Femaru-Fegyver es Gepyar, Budapest
Produktionszeit:	1937 bis 1944
Ausführung:	Selbstladepistole
Kaliber:	7,65 oder 9 mm
Länge:	182 mm
Lauflänge:	110 mm
Gewicht:	770 g
Magazin:	8/7 Schuss (7,65 mm / 9 mm)
Mündungsgeschwindigkeit:	285 m/s (7,65 mm); 300 m/s (9 mm)
Effektive Reichweite:	40 m

WEITERE INTERESSANTE BÜCHER ZUM THEMA

Alexander Losert beschreibt in seinem Buch alle wichtigen Maschinengewehre aus deutscher Fertigung, die bis zum Ende des Zweiten Weltkrieges entwickelt und verwendet wurden, darunter auch die selbstentwickelte, wassergekühlte MG 08 bzw. 08/15.
144 Seiten, 150 Abbildungen,
Format 215 x 280 mm
ISBN 978-3-613-04122-6
€ 19,95 / € (A) 20,60

Michael Heidler beschreibt in diesem Band Typen, Funktionsweise und technischen Aufbau von Maschinenpistolen und erzählt, wie sich diese Waffe in Deutschland, Europa und in anderen Teilen der Welt entwickelt und durchgesetzt hat.
128 Seiten, 220 Abbildungen,
Format 215 x 280 mm
ISBN 978-3-613-04186-8
€ 19,95 / € (A) 20,60

Wolfgang Fleischer schildert in diesem Band die Entwicklung, den praktischen Einsatz und die Technik von Handgranaten, Granatgewehren, Panzernahbekämpfungsmitteln, Brand-, Spreng- und Zündmitteln sowie von Waffen zur Tieffliegerabwehr.
320 Seiten, 444 Abbildungen,
Format 170 x 240 mm
ISBN 978-3-613-04057-1
€ 39,90 / € (A) 41,10

In diesem Band setzt Michael Heidler seine Dokumentation über die Entwicklung aller Maschinenpistolen weltweit fort und beschreibt kompetent Typen, Funktionsweise und technischen Aufbau von Maschinenpistolen und deren Verbreitung seit 1945.
128 Seiten, 150 Abbildungen,
Format 215 x 280 mm
ISBN 978-3-613-04218-6
€ 19,95 / € (A) 20,60

Stand November 2019
Änderungen in Preis und Lieferfähigkeit vorbehalten.

Überall, wo es Bücher gibt, oder unter
WWW.MOTORBUCH-VERSAND.DE
Service-Hotline: 0711 / 78 99 21 51

Motor
buch
Verlag